"十四五"普通高等教育本科部委级规划教材

产教融合教程

成形针织服装设计与制作工艺

楚久英　夏思冰◎主编　｜　郑　敏　曾庆财◎副主编

CHANJIAO RONGHE JIAOCHENG

CHENGXING ZHENZHI FUZHUANG SHEJI YU ZHIZUO GONGYI

中国纺织出版社有限公司

内 容 提 要

本书分为基础篇、设计篇和工艺篇，全方面介绍了成形针织服装的面料组织、造型设计、衣片编织、缝制与整理等内容。基础篇包含了成形针织服装的概念、编织设备与针织物组织等基础知识，设计篇讲述了成形针织服装色彩图案、造型、规格、结构的设计原则与方法，工艺篇阐述了成形针织服装编织、缝制、整理的工艺原理与制作方法，并辅以企业实例。本书内容紧扣"应用技术型"的核心思想，以"项目驱动教学"为导向，每个章节设置了实训项目，旨在提升学生的实践能力、自学能力和独立思考能力。

本书既可作为高等院校纺织、服装等专业的教材，也可供从事针织服装的设计和技术人员阅读参考。

图书在版编目（CIP）数据

产教融合教程：成形针织服装设计与制作工艺 / 楚久英，夏思冰主编；郑敏，曾庆财副主编. -- 北京：中国纺织出版社有限公司，2024.12. --（"十四五"普通高等教育本科部委级规划教材）. -- ISBN 978-7-5229-2023-8

Ⅰ. TS186.3

中国国家版本馆 CIP 数据核字第 2024SK7666 号

责任编辑：施 琦　李春奕　　责任校对：寇晨晨
责任印制：王艳丽

中国纺织出版社有限公司出版发行
地址：北京市朝阳区百子湾东里 A407 号楼　邮政编码：100124
销售电话：010—67004422　传真：010—87155801
http://www.c-textilep.com
中国纺织出版社天猫旗舰店
官方微博 http://weibo.com/2119887771
北京通天印刷有限责任公司印刷　各地新华书店经销
2024 年 12 月第 1 版第 1 次印刷
开本：889×1194　1/16　印张：12.75
字数：285 千字　定价：69.80 元

凡购本书，如有缺页、倒页、脱页，由本社图书营销中心调换

江西服装学院
产教融合系列教材编写委员会

编 委 会 主 任：周文辉

编委会副主任：隋丹婷

编 委 会 秘 书：贺晓亚　李　凯

编 委 会 委 员：（排名不分先后）

总 序
GENERAL PREFACE

当前，新时代浪潮席卷而来，产业转型升级与教育强国目标建设均对我国纺织服装行业人才培育提出了更高的要求。一方面，纺织服装行业正以"科技、时尚、绿色"理念为引领，向高质量发展不断迈进，产业发展处在变轨、转型的重要关口。另一方面，教育正在强化科技创新与新质生产力培育，大力推进"产教融合、科教融汇"，加速教育数字化转型。中共中央、国务院印发的《教育强国建设规划纲要（2024—2035年）》明确提出，要"塑造多元办学、产教融合新形态"，以教育链、产业链、创新链的有机衔接，推动人才供给与产业需求实现精准匹配。面对这样的形势任务，我国纺织服装教育只有将行业的前沿技术、工艺标准与实践经验深度融入教育教学，才能培养出适应时代需求和行业发展的高素质人才。

高校教材在人才培养中发挥着基础性支撑作用，加强教材建设既是提升教育质量的内在要求，也是顺应当前产业发展形势、满足国家和社会对人才需求的战略选择。面对当前的产业发展形势以及教育发展要求，纺织服装教材建设需要紧跟产业技术迭代与前沿应用，将理论教学与工程实践、数字化趋势（如人工智能、智能制造等）进行深度融合，确保学生能及时掌握行业最新技术、工艺标准、市场供求等前沿发展动态。

江西服装学院编写的"产教融合教程"系列教材，基于企业设计、生产、管理、营销的实际案例，强调理论与实践的紧密结合，旨在帮助学生掌握扎实的理论基础，积累丰富的实践经验，形成理论联系实际的应用能力。教材所配套的数字教育资源库，包括了音视频、动画、教学课件、素材库和在线学习平台等，形式多样、内容丰富。并且，数字教育资源库通过多媒体、图表、案例等方式呈现，使学习内容更加直观、生动，有助于改进课程教学模式和学习方式，满足学生多样化的学习需求，提升教师的教学效果和学生的学习效率。

希望本系列教材能成为院校师生与行业、企业之间的桥梁，让更多青年学子在丰富的实践场景中锤炼好技能，并以创新、开放的思维和想象力描绘出自己的职业蓝图。未来，我国纺织服装行业教育需要以产教融合之力，培育更多的优质人才，继续为行业高质量发展谱写新的篇章！

纪晓峰

中国纺织服装教育学会会长

2024年12月

前言
PREFACE

本书配有PPT等电子资源为学生自主学习提供参考。全书内容紧扣"应用技术型"的核心思想，以"项目驱动教学"为导向，每个章节中设置实训项目，以提高学生的实践动手能力、自学能力和独立思考能力。

成形针织服装因手感柔软、透气性好、弹性与延伸性优异、穿着舒适随性，再加上工艺可成形、生产流程短和品种可变化等特点，由最初的内衣发展到如今款式多样的休闲装、时装、礼服等服装，在服装市场和衣着中的比例逐年提高。本书以毛衫类针织服装为载体，介绍成形针织服装的设计与制作工艺。

无论是成形针织服装的设计还是制作工艺，都是在针织机械和针织组织的基础上完成的。因此，本书内容分为三部分（共十章）：基础篇（绪论、针织横机、纬编针织物组织）、设计篇（针织服装色彩与图案设计、针织服装造型设计、成形针织服装规格与结构设计）和工艺篇（成形针织服装编织工艺、CAD编织工艺设计与电脑横机制板、成衣缝合工艺、成形针织服装后整理工艺）。本书内容"设计"与"工艺"并重、图文并茂，并结合成形针织服装最新流行趋势和现阶段使用最广泛的针织技术来设计，充分体现了成形针织服装的艺术性、技术性与前沿性。本书中的编织机械以目前学校应用最广泛的花式编织机为例，介绍了常见针织组织的编织原理与编织方法，并结合企业应用较多的针织工艺设计与电脑横机制板一体化的智能针织软件，介绍其软件的功能与使用方法，以简化工艺计算过程，实现编织工艺设计与电脑横机制板的自动化与智能化。

本书由楚久英、夏思冰担任主编，负责全书提纲编写以及内容的修订和整理，郑敏、曾庆财担任副主编。全书各个章节分工如下：第一章由楚久英、夏思冰编写；第二章、第三章由楚久英编写；第四章、第五章由夏思冰编写；第六章由郑敏、曾庆财编写；第七章由曾庆财、楚久英编写；第八章由楚久英编写；第九章、第十章由郑敏、曾庆财编写。最后由楚久英、夏思冰统稿。

在本书编写过程中，智能针织软件（深圳）有限公司宋喆贤、吉水南发服饰有限公司梁淑萍为本书提供了技术支持与教学案例；江西服装学院学生任倩倩、赖钰颖、闫春霏、禹丽婷等同学提供部分插图。此外，编者还参考和引用了国内外的文献资料、图片以及学校师生的作品，在此表示感谢！

由于编者水平和经验有限，书中出现纰漏在所难免，希望各位同仁、读者批评指正。

编者

2024年7月

教学内容及课时安排

章 / 课时	课程性质 / 课时	节	课程内容
第一章 （2课时）	基础篇：理论 + 实践 （18课时）	·	**第一章　绪论**
		一	成形针织服装概念与分类
		二	成形针织服装发展趋势
第二章 （4课时）		·	**第二章　针织横机**
		一	针织横机概述
		二	横机的基本结构与成圈过程
		三	花卡式编织机结构、功能与维护
第三章 （12课时）		·	**第三章　纬编针织物组织**
		一	纬编针织物概述
		二	纬平针组织
		三	罗纹组织
		四	移圈组织
		五	提花组织
		六	集圈组织
第四章 （4课时）	设计篇：理论 + 实践 （18课时）	·	**第四章　针织服装色彩与图案设计**
		一	针织服装色彩设计
		二	针织服装图案设计
第五章 （8课时）		·	**第五章　针织服装造型设计**
		一	针织服装风格分类
		二	针织服装廓型设计
		三	针织服装款式设计
		四	针织服装装饰设计
第六章 （6课时）		·	**第六章　成形针织服装规格与结构设计**
		一	规格设计技术准备
		二	成形针织服装规格设计
		三	成形针织服装结构设计
第七章 （12课时）	工艺篇：理论 + 实践 （28课时）	·	**第七章　成形针织服装编织工艺**
		一	成形编织工艺设计准备
		二	成形编织工艺原理及计算方法
		三	成形针织服装编织工艺设计实例
第八章 （8课时）		·	**第八章　CAD 编织工艺设计与电脑横机制板**
		一	CAD 编织工艺设计
		二	电脑横机制板
第九章 （5课时）		·	**第九章　成衣缝合工艺**
		一	成衣缝合方式及技术要求
		二	缝盘（套口）工艺
		三	手缝工艺
		四	成衣缝合工艺实例
第十章 （3课时）		·	**第十章　成形针织服装后整理工艺**
		一	常规整理
		二	功能整理

注　各院校可根据自身的教学特点和教学计划对课程时数进行调整。

目 录
CONTENTS

第一章
绪论

产教融合教程：成形针织服装设计与制作工艺

课题内容：

1.成形针织服装概念与分类

2.成形针织服装发展趋势

课题时间： 2课时

教学目标：

1.熟悉成形针织服装概念与分类

2.熟悉成形针织服装设计内容与生产工艺流程

3.掌握成形针织服装常见原料特征与针织用纱要求

4.了解成形针织服装现状与发展趋势，树立可持续

发展理念

教学方式： 任务驱动、线上线下结合、案例、小组

讨论、多媒体演示

实践任务： 课前预习本章内容（本课程线上资源），

查阅市场资讯和资料，列举成形针织服装案例，并

对案例中成形针织服装展开分析。要求：

1.分析该针织服装的款式造型特点

2.分析纱线原料及在针织成形服装中表现出的特征

3.分析该服装的产品定位

从消费者的角度来看，随着生活水平和文化品位的日益提高，人们的着装理念发生了较大变化，不仅要求服装舒适合体、保暖等，更注重服装的个性化和时尚化。成形针织服装中的织物结构、性能和产品的加工特点正好契合服装的这种发展趋势，在服装市场和个人衣着中所占比例逐年提高。

第一节　成形针织服装概念与分类

一　成形针织服装的概念

按照服装材料的织造方法，可将服装分为针织服装和机织服装两大类，针织服装按照成形方式可进一步分为裁剪类针织服装和成形类针织服装（图1-1）。裁剪类针织服装是指将针织坯布按照样板裁剪成衣片，然后缝合成的服装。这类针织服装面料主要是利用各种圆型纬编针织机和经编针织机生产的，机器的机号比较高，生产的面料比较细腻。如日常所穿的内衣、T恤和卫衣等。裁剪类针织服装在设计和工艺方面与机织服装有很多相似之处。成形类针织服装是指在编织过程中就形成具有一定形状和尺寸的成形或半成形衣坯，不需裁剪或只需少量裁剪就缝制成所要求的服装，如秋冬季节常穿戴的羊毛衫、帽子、围巾等。更现代化的工艺甚至不需要缝合就可以形成直接服用的产品，被称为"全成形针织服装"。

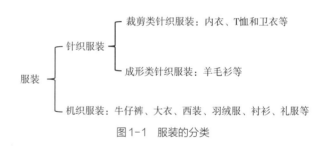

图1-1　服装的分类

成形针织服装主要通过改变参加编织的针数和编织的横列数来改变织物的形状和尺寸，也可以通过改变编织的组织结构和密度来完成。其大多应用在毛衫领域，具有穿着舒适、随意，生产工艺流程短，适应现代快节奏生活方式等特点，具有传统与现代相结合的设计表现。设计风格也从原来的单一、朴实发展到了现在的多姿多彩，趋向外衣化、时装化、系列化、高档化，能满足人们多品位的要求。成形针织服装四季均可服用，近年来备受广大消费者的青睐。

二　成形针织服装的分类

成形针织服装品类繁多，很难以单一的形式分类，一般可根据服装款式、原料成分、纺纱工艺、织物组织、修饰花型的形成方式、整理工艺等进行分类。

（一）按服装款式分类

按服装款式，可将成形针织服装分为针织毛衫和针织配件两大类别。

（1）针织毛衫。针织毛衫是编织类针织服装的通称，品种繁多，花色款式绚烂多彩，目前采用羊毛、羊绒、驼绒、腈纶、真丝、人造丝、棉纱等原料，编织的各种款式新颖的开衫、套头衫、连帽衫、外套、裙装等颇受人们的喜爱。随着生产技术的发展，特别是随着各种新型电脑横机的问世，毛衫的新品种和新的编织技术不断涌现。目前不仅能织出各种新颖的、流行的花纹图案，而且可以在同一件衣片上使用不同粗细的纱线编织多种密度的各个部段。不同类型的毛衫具有独特的造型，表1-1列举了几种最基础的、最具有代表性的针织毛衫款式。

表1-1 典型针织毛衫款式

毛衫名称	毛衫特点
针织开襟衫	简称"针织开衫"，是指衣服前面有拉链或扣子等连接物的短上衣。通过不同的造型手法，可将针织开衫演绎出许多的造型样式
针织套头衫	指仅从头部开口，便于穿套的针织服装。根据开口形状的不同，分为高领针织衫、V领针织衫、圆领针织衫或其他时尚领型针织衫。针织套头衫属于休闲装，已经成为一种经典的针织造型。设计师们通过对领口、袖口及下摆的不同设计，可创造出不同的针织衫款式
马球针织衫	也称"Polo衫"，是一种套头翻领针织上衣，在前片有半开襟。Polo衫最初由运动服装演变而来，造型风格偏中性，属于男女皆宜的款式。通常衣身采用平针组织，领口、袖口和下摆采用罗纹组织，通过口袋、领子、装饰品等细节设计，可表现出不同的造型效果
针织背心	由针织套头衫发展而来，通常是V领或圆领、无袖结构，常搭配衬衫穿着
针织连衣裙	是衣片和裙子相连的单品，针织连衣裙因良好的舒适感被越来越多的消费者喜爱。近年来，针织连衣裙还不断地被服装设计师运用到礼服的设计中，优异的悬垂感与弹力贴身材料，在不经意间勾勒出女性玲珑曲线的同时，还能在走动时将裙子的流动感表现得淋漓尽致，飘逸而优雅
针织外套	也称"针织大衣"，款式倾向于合体或宽松的特点，对尺寸稳定性、服装合体性等要求相对较高

随着人们生活方式和生活理念的变化，针织毛衫造型的表现形式越来越多元化。现在的毛衫也不局限于开衫、套头衫这些传统的款式，长度可长可短、色彩可艳可素、风格可活泼可优雅，各种造型创新的毛衫也备受消费者的青睐。而且迎合人们需求的新型原料运用大大拓展了毛衫的市场，成为设计师与消费者的"新宠"。

（2）针织配件。针织配件作为服装配套用品，不仅具有功能性，而且越来越具有设计感。针织配件主要包括针织帽、围巾、手套、披肩和袜类等。袜子有船袜、二骨袜、三骨袜、四骨袜、连裤袜、五分袜裤、七分袜裤、九分袜裤、袜套、露趾袜等。针织手套分装饰用、保暖用和劳保用三类，女士搭配礼服所戴手套为装饰类手套，而现在的保暖用手套也不仅限于保暖，花型很多，兼具装饰作用，随着触屏手机的出现，有些手套也带有触屏功能。毛线品种和针织花型繁多，因此，针织帽子、围巾和披肩等也兼具保暖和装饰的功能。

（二）按原料成分分类

（1）纯纺类成形针织服装。服装原料为含单一纤维的纯纺纱线。如原料可以是棉、羊毛、山羊绒、绵羊绒、兔毛、牦牛绒、蚕丝等某种天然纤维，也可以是腈纶、涤纶、锦纶、黏胶纤维、大豆纤维、竹纤维等某种化学纤维。

（2）混纺纱线类成形针织服装。服装原料为含两种或两种以上纤维的混纺纱线。主要原料包括毛（羊毛、山羊绒、绵羊绒、兔毛、牦牛绒等）与化纤混纺（毛/腈纶、毛/黏胶纤维、毛/天丝纤维、毛/大豆纤维等）、棉与化纤混纺（棉/腈纶、棉/黏胶纤维、棉/锦纶等）、化纤与化纤混纺（腈纶/天丝纤维、锦纶/竹纤维、涤纶/黏胶纤维等）。

（3）交织类成形针织服装。服装原料为由两种或两种以上的含不同纤维的纱组成的交织纱线。主要原料包括毛与化纤交织、棉与化纤交织、化纤与化纤混纺交织等。

（三）按纺纱工艺分类

成形针织服装按纺纱工艺可分为精纺（精梳）类服装、粗纺（普梳）类服装和花式纱线类服装。精纺（精梳）纱线采用细长而均匀的纤维，纱线条干均匀、光洁，用其编织的服装轻薄、细腻，如精梳棉、精纺羊毛服装；粗纺（普梳）纱线结构松散、表面绒毛多，用其编织的服装厚实、粗犷，如粗纺羊毛、腈纶服装；花式纱线具有特殊的结构和奇特的外观，用其编织的服装具有独特的纹理和立体效果，如彩点线、雪尼尔纱、金银线服装。

（四）按织物组织分类

成形针织服装可采用原组织、变化组织、花色组织和复合组织中的一种或多种组织，以形成或平整，或凹凸，或收紧，或延展的肌理效果。根据织物组织，一般可分为平针、罗纹、四平、集圈、提花、扳花、挑花、绞花、毛圈等多种。

（五）按修饰花型的形成方式分类

成形针织服装根据修饰花型的形成方式分为绣花、扎花、贴花、印花、植绒、扎染、手绘等服装种类。

（六）按整理工艺分类

成形针织服装根据整理工艺分为拉绒、轻缩绒、重缩绒、功能整理（阻燃、防水、防污、防蛀）等服装种类。

第二节　成形针织服装发展趋势

成形针织服装因手感柔软、透气性好、具有优良的弹性与延伸性，穿着舒适随性，能充分体现人体曲线，再加上工艺可成形、生产流程短和品种可变化等特点，使成形针织服装由最初的内衣发展到如今款式多样的休闲装、时装、礼服等。成形针织服装是艺术性与技术性相结合的产物。欧美地区服装产业中针织服装起步早、发展快，早已把机织服装设计和针织服装设计作为服装设计并列的两部分。我国的成形针织服装起步比较晚，但近年来随着自动化针织技术的引进与国内企业自主研发步伐的加快，我国成形针织服装技术的发展有了突飞猛进的变化，如国产针织智能下数软件、恒强电脑横机制板软件、全自动电脑横机编织设备等的研发，为成形针织服装设计的发展提供了技术支撑，使成形针织服装在国内市场占据一席之地。当前成形针织服装的发展趋势主要表现在设计个性化、时尚化、多元化，面料绿色化、功能化和工艺全成形化三个方面。

一　设计个性化、时尚化、多元化

当今社会不断发展，人们生活水平不断提高，针织服装借助其独特的织物风格和装饰特性，在服装市场所占比例不断上升。消费者对针织服装的选择，从遮羞蔽体及保暖的功能性需求逐渐向个性化、时尚化及多元化的装饰审美性需求演变。因此，设计师越来越注重针织服装的设计、选材和工艺，通过不断尝试与创新，并进行灵感碰撞，在设计时摒弃了传统观念中的单调与呆板，明确针织服装风格和定位，贴近现代时尚设计思维。另外，在此基础上还可以融合传统文化和民族特色，进而推动本土文化的传播，并加强与世界前沿时尚的连接，从文化、功能、风格、特色等方面寻求创新，为未来针织服装行业提供助力，使针织服装更加具有趣味性和美观性，突破传统针织服装的局限。

流行趋势具有周期性，它们都会经历创新、兴起、接受、消退、萎缩五个阶段。由此可见，针织服装流行趋势不仅受社会、科技、环境、政治、行业、创造力等多因素影响，还将未来驱动因素和未来创新领域概念包含在内，从而衍生出正念关怀、流动状态、多元个性、打破常规等多个核心理念，最终预测其流行趋势。针织服装的个性化、时尚化及多元化设计须符合流行趋势，从流行廓型、流行元素、流行面料、流行色等多个角度进行结合，以满足大众审美需求。

二 面料绿色化、功能化

针织面料是针织服装的物质基础和载体，它经历了从天然纤维到化学纤维再到天然纤维化纤化、化学纤维天然化等阶段。人们希望服装材料中的天然纤维具有化学纤维经济、耐用、轻薄等优点，化学纤维具有天然纤维吸湿、透气等优良的穿着舒适性。因此，成形针织服装面料也从传统的纯羊毛纤维发展到现在的多种纤维甚至多种功能并存的态势。如莱赛尔纤维、大豆纤维、竹炭纤维、石墨烯纤维等新型纤维的纯纺或与天然纤维混纺纱线成为成形针织服装面料设计的发展趋势。

（一）注重天然舒适、健康环保

目前，服装的要求已经远远超出了简单的遮体、御寒，更注重面料的舒适、健康和环保。无论针织面料原料是纯天然的棉、毛、丝、麻，还是人造的大豆纤维、竹纤维等，都具备了成分的天然化。因此，不管科技如何发展，未来人们仍会把面料的健康、舒适、生态、环保放在对面料要求的重要位置。如天然彩色羊毛、天然彩棉因自身带有的天然色彩，省去染色工序，更加健康舒适；有机棉在耕种过程中以有机肥代替化肥，更加绿色生态；用天然染料染色，更加安全环保。

（二）注重色彩时尚、肌理结构多样

在满足基本的健康舒适的需求后，消费者接下来要考虑的就是服装的审美性，而面料色彩和肌理效果直接体现了服装的时尚性。面料色彩设计需要设计师真正了解色彩流行趋势，通晓色彩知识，对色彩有超前的敏感度，能预测下一季的流行趋势，才能设计出迎合市场需求、具有艺术性的针织面料。织物组织不同，面料表现出的肌理效果存在天壤之别。针织服装自身具有特殊的肌理结构，通过简单的几种组织和纱线的结合重组就可以创新出带有独特肌理的针织面料，为针织物增加花色品种。因此，各种结构的针织面料设计将是成形针织服装推陈出新的重要渠道。

（三）注重多功能并存

单一的功能已经不能满足现今消费者的诸多需求，人们需要在同一服装上实现自己的多种功能需求，因此，多功能针织面料应运而生。在同一款成形针织服装上同时具备保暖、保健、抗菌、防污、抗紫外线等多种功能已成为研究热点。结合服装的款式，通过材料改性来满足消费者的功能需求，是成形针织服装

面料的又一走向。

三 工艺全成形化

全成形针织服装是指下机后无须套口、缝合，一体成形，下机后经过简单的整理就可以直接穿着的服装。与传统生产方式的半成形针织服装相比，其组织结构的连续性较好，服装穿着舒适柔美，受到人们的广泛关注，未来也将是成形针织服装的发展趋势。现今市场上的全成形针织产品大多采用四针床电脑横机编织而成，国内虽然对全成形电脑横机结构及编织原理进行了一定研究，但仍处于初级阶段，尤其是对全成形针织产品的成形方法研究非常少。例如，在实际生产中如何保证不同的编织区域能够平滑地衔接与过渡，仍需要从全成形毛衫的编织原理、技术难点、上机工艺等方面展开分析，才能得到合理的全成形毛衫接口处连续性的处理方法。目前，全成形针织产业仍存在品类较少且制作困难等问题。因此，深入研究全成形针织产品成形工艺将成为解决问题的关键。

综上所述，目前成形针织服装的发展趋势是款式时尚化、个性化，风格多元化，工艺全成形化，面料绿色化、功能化，且穿着舒适、柔软、轻质等，这将给针织服装企业、针织服装设计师带来更高的挑战，但科学技术的高速发展与进步为其提供了技术支撑，使成形针织服装的发展更为高速、稳定，在流行服饰中所占比例也逐年增加，从而拥有更加广阔的发展前景。

思考题

1. 什么是成形针织服装？有什么特点？
2. 成形针织服装与机织服装的设计和生产有何不同？
3. 针织用纱线原料应具有哪些特点？为什么？
4. 查阅文献，阐述成形针织服装的发展趋势。

第二章
针织横机

产教融合教程：成形针织服装设计与制作工艺

课题内容：

1.针织横机概述

2.横机的基本结构与成圈过程

3.花卡式编织机结构、功能与维护

课题时间： 4课时

教学目标：

1.熟悉针织横机的分类、结构与工作原理

2.掌握花卡式编织机的结构、作用，能正确调试与保养设备

3.培养学生勇于探索的精神和实践能力

教学方式： 任务驱动、线上线下结合、案例、小组讨论、多媒体演示、现场实践

实践任务： 课前预习本章内容（本课程线上资源），针对不同细度的纱线，选择合适的针织机号，并对横机调试和保养。要求：

1.针织机型与纱线细度匹配，编织用配件与手摇横机的规格尺寸匹配

2.调试手摇横机机头密度三角和起针三角，使机头左右移动顺畅

3.检查针床上的织针，更换坏针，保障织针能正常编织

4.调节纱线张力

5.调节针床横移手柄，分别使前后处于对位和错位

6.保养手摇横机的针床与机头

由于成形针织服装内衣外穿化、时尚化、个性化的发展，人们对服装花色品种的要求越来越高，进而对生产设备和生产技术的要求也越来越高。针织横机因具有小批量、多品种生产的优点，在当前国内外的成形针织服装生产中是主要的生产设备。

第一节　针织横机概述

一　横机的概念

横机是指靠机头横向往复运动编织成圈的纬编针织机，能通过控制工作区域参与编织的针数来改变针织物的幅宽。

二　横机的分类

（一）按横机形式分类

按横机形式可分为手摇横机、半自动机械横机、全自动机械横机、半自动电脑横机和全自动电脑横机等。其中手摇横机包括普通工业用手摇横机和花卡式家用编织机，工业用手摇横机又包括一级手摇横机、二级手摇横机、三级手摇横机、手摇花式横机等。

（二）按横机针床机号分类

（1）粗机号（低机号）横机：简称粗针机，将机号小于8的横机称为粗针机（如 E3、E3.5、E5、E7等）。

（2）细机号（高机号）横机：简称细针机，将机号大于8的横机称为细针机（如 E9、E12、E14、E18等）。

机号是在横机针床上规定单位长度（一般为1英寸，即25.4mm）内具有的针数。机号 E 与针距 T 的关系见式（2-1）。

$$E = \frac{25.4}{T} \tag{2-1}$$

式中：E——机号；

T——针距，mm。

由此可见，横机的机号说明了针床上排针的稀密程度，机号越高，针床上规定长度内的针数越多，反之，针数越少。

（三）按横机针床数目分类

（1）单针床横机：一般纯嵌花横机、花式横机主机为单针床横机。

（2）双针床横机：大多数横机为双针床横机。

（3）多针床横机：一般以三针床横机和四针床横机为主，主要用在电脑横机上，是在原有双针床横机的基础上增加1~2个辅助移圈的针床而成，可用来编织全成形针织产品。

（四）按针床的有效长度分类

（1）小横机：针床有效长度为12~24英寸（305~610mm）。

（2）大横机：针床有效长度在24英寸（610mm）以上，且针床长度为32~36英寸（813~915mm）。

（3）宽幅横机：针床有效长度为40英寸（1016mm）及以上，普通电脑横机一般为52~56英寸（1321~1422mm），常见的加宽横机有72英寸（1829mm）、90英寸（2286mm）等。

（五）按横机成圈系统分类

电脑横机按成圈系统可分为单系统、双系统和多系统电脑横机。其机头内可以安装一个或多个成圈系统，现在市面上出现最多可以有8个成圈系统的电脑横机。系统数越多，编织效率越高，但设备结构复杂、价格高，目前企业用得最多的是双系统电脑横机。

第二节　横机的基本结构与成圈过程

一 横机的基本结构

横机的种类和型号繁多，但无论是普通横机还是花式横机，其基本结构都大致相同。一般横机由喂纱机构、编织机构、牵拉机构、花型控制机构和传动机构等组成，下面以普通手摇横机为例，介绍针织横机的结构。

（一）喂纱机构

喂纱机构是指使纱线以一定张力送到针织编织区域的机构，主要由引纱架、张力器、导梭变换器、梭箱导轨、导纱器、导纱器的限制器、毛刷等部分组成。目前，普通横机主要采用消极式喂纱方式，它是织针在压针三角的作用下，使纱线获取张力的消极式喂纱方式。纱线在此张力下，使纱线从纱筒上退绕下来进入成圈区域。

（二）编织机构

编织机构是横机各机构中的主要部分，各部件的状态及配合直接影响横机是否能正常编织，也直接影响产品的质量。同时，产品花色的变换也是通过这部分机件的变换与配合来完成的。编织机构主要由针床、织针、机头、三角装置等组成。

1. 针床

针床也称针板，是横机上的重要部件之一。一般有2个针床，当机头沿着导轨做往复运动时，舌针在机头三角的作用下沿着针槽做有规律的上下运动，进而完成编织的成圈过程。

2.织针

横机一般都采用舌针编织，如图2-1所示，舌针由针钩、针舌、针踵、针杆、针尾组成。舌针在成圈过程中通过机头中的三角推动其针踵，使舌针在针槽内上下移动，而线圈则在针杆上做相对滑移，从而封闭或开启针口，完成成圈过程。

3.机头

机头俗称龙头，也称三角座，是横机的核心装置。机头的主要作用是将前、后两组三角装置连成一体，在人力或机械力的作用下，沿着机头导轨做往复运动，安装于其上的三角装置使针床上的织针进行上升和下降运动，完成编织成圈动作。

4.三角装置

三角装置是织针做编织运动的控制中心，是通过控制织针的针踵，使织针做上下运动的主要装置，一般由起针三角、压针三角、中心三角等组成。普通一级横机是三角结构最简单的一种横机，其三角结构是其他横机三角结构的基础。图2-2所示是普通一级横机的三角结构和走针轨迹，图中各部位名称及作用见表2-1。

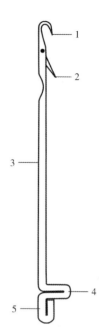

图2-1 手摇横机织针

1—针钩 2—针舌 3—针杆
4—针踵 5—针尾

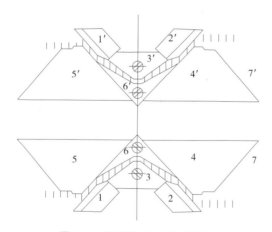

图2-2 手摇横机三角结构及走针

表2-1 普通一级横机的三角结构与作用

编号	名称	作用
1、2、1′、2′	起针三角	起针三角为活动三角，通过开关控制其垂直于针床平面进入或退出工作。也可以控制舌针起针准备退圈使针达到集圈高度
3、3′	挺针三角	也称顶针三角、中心三角、鸡心三角、中心键等，其为固定三角
4、5、4′、5′	弯纱三角	也称为成圈三角、密度三角、松紧三角、大三角等，其为活动三角，能通过上下移动使舌针弯纱、成圈并控制线圈长度，进而控制织物密度
6、6′	压针三角	也称人字三角、眉毛三角、人字键等，是舌针垫纱后迫使舌针下降闭口的导向三角，其为固定三角
7、7′	三角座	也称三角底板，各个三角装于其上

（三）牵拉机构

牵拉机构的主要作用是将成圈后的织物从针床间隙中引出，同时完成成圈过程中的牵拉动作，常用的有重锤式和罗拉式两种。手摇横机大部分采用重锤式牵拉机构，它由定幅梳栉和重锤组成，如图2-3所示，定幅梳栉俗称穿线板、穿针梳。编织过程中根据织物编织的需要，可选用厚、中、薄重锤进行牵拉。罗拉式牵拉机构比重锤式牵拉机构复杂很多，一般在半自动横机或全自动横机上应用，形式多样。

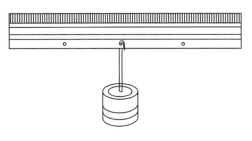

图2-3 手摇横机用定幅梳栉、重锤

（四）花型控制机构

1.针床移位机构

针床的移位主要有前、后针床的升降移位和前、后针床的左右移位两种形式，也分为手动和机械两种。前、后针床的升降移位可使针床的隙口放大或缩小，以编织特殊的织物。如编织起绒织物和毛圈织物时，需要放大隙口进行织制。前、后针床左右移位的目的之一是适应编织变化的需要，如2+2罗纹起口时，由第一横列的起始状态回复到2+2罗纹结构的编织，必须由针床移位来完成这种织针排列的变化。目的之二是编织花色组织的需要，通过针床的左右移位来改变主副机针床织针排列的相对位置，编织出具有倾斜线圈的圈柱，在织物表面产生具有一定曲折状的波纹感的花色效果织物——波纹组织织物，俗称扳花组织织物。

2.花型变换机构

针织横机的花型变化丰富，其组织结构的变化主要取决于针床上排列的舌针参加编织成圈的状态，如成圈、集圈或不工作等，加上喂纱装置和针床移位装置的配合，可织出丰富多彩的花型。织针参加成圈状态的变化，主要依靠三角装置及其他选针机构的作用，结合舌针本身具有针踵高低、针舌长短、针身长短、针头大小和针踵个数等特点，对各种织针进行选择，可织出不同的花型。

（五）传动机构

横机的传动机构可分为机械和人力两种。普通横机一般采用人力传动，有人力推手和人力摇手柄两种，人力推手传动采用较多。半自动横机和全自动横机采用机械传动，有摆杆、链轮和皮带传动。目前国内横机普遍采用皮带传动。

二 横机的成圈过程

横机编织时，通过机头内编织三角的移动，其斜面作用于舌针的针踵上，使舌针在针床的针槽内做纵向有规律的升降运动，而旧线圈则在针杆上做相对运动，推动针舌开启或关闭，使喂入舌针针钩内的新纱线形成线圈或集圈，并与旧线圈串联起来，形成针织物。横机上完成编织的机件称为成圈机件，主要由舌针、三角装置、针床、导纱器等部分组成。横机编织单面纬平针组织的成圈过程如图2-4所示，一般分为退圈、垫纱、带纱、闭口、套圈、连圈、脱圈、弯纱、成圈、牵拉10个阶段。

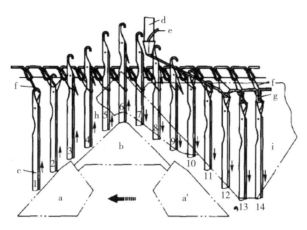

图2-4 横机编织单面纬平针组织的成圈过程

（一）退圈

退圈是将处于针钩中的旧线圈移到针杆上，为垫放新纱线、编织新线圈做准备（图2-4中舌针第1～第6针位置）。退圈结束后，织针开始下降（图2-4第7针位置）。

（二）垫纱

垫纱是通过导纱器将纱线垫放到针钩下方（图2-4中第8针位置）。导纱器的安装位置（左右、前后、高低三个维度）决定垫纱能否顺利进行，安装位置不当易造成漏针、吃单纱或纱线磨损等问题。

（三）带纱

带纱是将垫放到针舌上的纱线引导到针钩内（图2-4中第9针位置），它是通过舌针和纱线的相对运动来完成的。

（四）闭口

闭口是将针口封闭，使新垫放的纱线与旧线圈被针舌隔开（图2-4中第10针位置）。在成圈过程中，针踵受到压针三角的向下作用，旧线圈沿针杆向上移动，带动针舌旋转闭合，将新旧线圈分隔开。

（五）套圈

套圈是从旧线圈套到关闭的针舌上开始，沿着关闭的针舌向针钩处移动（图2-4中第11针位置）。

（六）连圈

套圈结束后，舌针继续沿弯纱三角下降，当新纱线与旧线圈接触时，称为连圈。

（七）脱圈

脱圈为旧线圈从针头上脱下，落到将要弯成圈状线段的新线圈上（图2-4中第12针位置）。脱圈阶段旧线圈的张力最大，因此纱线的延弹性、针头的光滑度会直接影响脱圈是否顺利进行。

（八）弯纱

弯纱是脱圈后新纱线被迅速、大量地弯曲（图2-4中第12、第13针位置）。弯纱始于连圈阶段，与脱圈、成圈同时进行。

（九）成圈

成圈是新纱线穿过旧线圈后最终转化成新线圈（图2-4中舌针第13针位置）。当旧线圈从针头上脱下后，织针沿着弯纱三角的工作面继续下降，新线圈逐渐增大，到达弯纱三角最低点时完成成圈阶段的工作。

（十）牵拉

牵拉是将已形成的线圈横列拉向针背，引出编织区域，同时在下一个编织成圈循环的退圈时将旧线圈拉紧，使其不随织针的上升而浮出织口，保证连续成圈的顺利进行（图2-4中舌针第14针位置）。

第三节　花卡式编织机结构、功能与维护

横机的种类繁多，最常见的有传统手摇横机、家用花卡式编织机和全自动电脑横机。传统手摇横机因生产效率低、可编织花型少、调试困难，已基本被淘汰。工业上应用最广泛的是全自动电脑横机，但电脑横机因设备成本高、技术要求高、维护成本高、编织速度快、编织过程可视性差，在学校应用并不普遍。与传统手摇横机相比，家用花卡式编织机具有调试简单、结构稳定、可编织花型多、携带方便、故障率低等优点，所以成为高等院校教学的最佳选择。本节主要介绍银笛花卡式编织机的结构、功能与维护。

一　银笛SK280型提花编织机

（一）总体结构

银笛SK280型提花编织机为单针床编织机，其外观总体结构如图2-5所示，与之对应的结构名称及作用见表2-2。

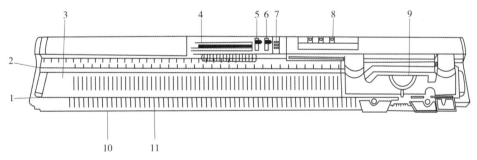

图2-5　银笛SK280型提花编织机总体结构图

1—机盒侧板　2—圆导轨　3—针床　4—纹板入口　5—纹板止动手柄　6—花高手柄
7—纹板输送旋钮　8—行数计数器　9—机头　10—栅状梳齿（沉降针）　11—舌针

表2-2　银笛SK280型提花编织机各部件名称及作用

编号	名称	作用
1	机盒侧板	编织机左右各有一个机盒侧板，起挡板的作用
2	圆导轨	圆导轨是机头往复运动的轨道
3	针床	针床上刻有针槽，用来安插舌针
4	纹板入口	打好孔的纹板（花样卡纸）由此孔插入

编号	名称	作用
5	纹板止动手柄	有"●"和"▼"两个位置，当手柄置于"●"位置时，纹板被锁住，此时推动机头或转动送纹板旋钮均不能移动纹板。当手柄置于"▼"位置时，滑动机头或转动纹板输送旋钮就能移动纹板
6	花高手柄	也称花样放大杆，可使花高增加，有"S"和"L"两个位置。当手柄拨到"S"位置时，机头每移动一行，纹板向前移动一行，此时编织的花高最小；当把手柄拨到"L"位置时，机头移动两行，才能使纹板向前移动一行，从而使花纹高度增加一倍
7	纹板输送旋钮	可手动控制纹板的进和退，从右侧观看，逆时针转动旋钮可送入纹板，顺时针转动旋钮使纹板倒出
8	行数计数器	可自动记录编织横列数
9	机头	机头正面有各种控制手柄，机头反面有各种三角装置，通过调节各手柄的位置，可改机头反面三角的走针针道，从而编织出各种花色组织
10	栅状梳齿	又称沉降针，起到支持线圈的沉降弧，防止成圈时织物随针下降的作用
11	舌针	在机头三角的作用下沿针床的针槽做上下运动，把纱线编织成各种线圈

（二）机架

机架是编织机的支撑部分，主要由盒底、盒盖和固定支架组成。针床用螺丝钉固定在盒底上，挑线架支杆插在盒底提手旁的插孔里。盒底用固定支架（也称桌钳）安装在桌面上。

（三）喂纱机构

银笛SK280型编织机喂纱机构主要由导线架和喂纱器两部分组成。其作用为完成纱线的引入和纱线喂给。

1.导线架

导线架也称挑线器，主要作用是将纱线引入装在机头上的喂纱器的喂纱梭嘴中，再喂入针钩里，其结构如图2-6所示。

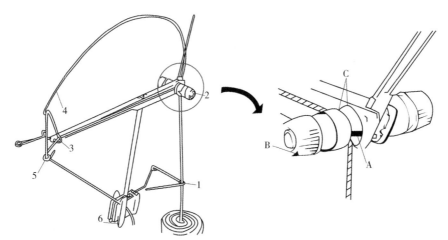

图2-6　银笛SK280型提花编织机导线架

1—三角导纱孔　2—张力调节装置　3—后导纱孔　4—挑线簧　5—前导纱孔　6—线夹片
A—挡纱条（导柱）　B—张力旋钮　C—张力盘

导线架可同时穿入两种颜色的纱线，以右边为例，其穿线过程为：纱线先经三角导纱孔1到达张力装置2中的挡纱条（导柱）A与张力旋钮B之间，然后在张力盘C之间通过，并获得一定的张力，再经后导纱孔3、挑线簧4、前导纱孔5即可送到喂纱器中或夹在线夹片6的下面备用。

　　纱线在纱筒、纱团上退绕时的张力存在差异，且编织时编织速度不均匀也会引起张力的波动，因此，需要张力调节装置对纱线张力补偿。张力调节装置是由张力盘C和张力旋钮B组成的张力装置及挑线簧4来完成的，转动张力旋钮即可改变两个张力盘C之间的压力。张力旋钮B上标有数字，数字越大，张力盘C间压力越大，经过C的纱线的张力就越大。纱线张力增大时，挑线簧向前俯冲弯曲下降，弹力对张力也有一定的补偿调节作用。在一个横列编织结束机头返回编织下一横列时，喂纱梭嘴与边针间有一段余纱，这段余纱必须及时提回，挑线簧4主要起到提回这段余纱的作用，使织物两边的线留整齐、光洁。编织前可按下面方法调整：纱线自如地从纱管或线团上拉出时，挑线簧和前导纱孔的距离始终保持在10～20cm为宜。

　　2.导纱器（喂纱器）

　　银笛SK280型编织机导纱的结构如图2-7所示，各个部位的作用见表2-3。

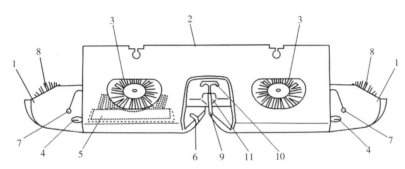

图2-7　银笛SK280型提花编织机导纱器的结构

1—织物压板　2—连接臂　3—镶线圆刷　4—镶线手柄　5—针舌刷　6—割线口
7—镶线钩　8—圆刷　9—纱嘴开关　10—主纱嘴　11—副纱嘴

表2-3　银笛SK280型提花编织机导纱器各部位作用

编号	名称	作用
1	织物压板	在编织过程中，织针上升退圈时，线圈与针之间的摩擦力会使线圈随针一起上升，织物压板的作用就是压住织物，使线圈不随针一起上升，保证退圈顺利完成
2	连接臂	连接导纱器和机头，同时它也是导纱器的支架
3	镶线圆刷	镶线作用，用来编织镶线织物（也称浮雕织物）
4	镶线手柄	控制镶线圆刷上升与下降。镶线手柄有两个位置，起边或镶线编织时，把手柄拨到"～"位置，镶线圆刷工作；在其他编织时，把镶线手柄拨到"○"位置，镶线圆刷不对纱线作用
5	针舌刷	作用是刷开针舌，防止针舌反弹关闭，保证每横列编织中的垫纱阶段针舌都是开启的
6	割线口	割断纱线作用
7	镶线钩	也称浮雕线托架，编织镶线花纹时，根据编织要求，交替把镶线纱挂在左右镶线钩上，把主色纱穿在喂纱嘴中，即可编织出所需的镶线花纹
8	圆刷	压紧纱线的作用，防止意外脱出针钩
9	纱嘴开关	也称线口开关，可以使主纱嘴封闭，并与副纱嘴分开
10	主纱嘴	也称1号线口，是放入主纱线的纱嘴
11	副纱嘴	也称2号线口，是放入副纱线的纱嘴

（四）编织机构

1.针床

编织机针床的结构如图2-8所示，主要由针床板、针槽、压针条和沉降针组成。针床板上冲有针槽，针槽数由针距决定，SK280型编织机为5.6针机，其针距为4.5mm。针床面板上印有A、B、C、D四个字母，用来指示织针的针踵在针床上的位置。

沉降针又称栅状梳栉、栅状齿等，如图2-7中4所示，其作用是支持线圈的沉降弧，防止成圈时织物随针下降，起沉降片的部分作用。沉降针的厚薄、安装位置的高低直接影响编织的正常进行和针织物的质量。压针条的作用是稳定舌针在针槽中的上下运动，防止舌针在运动时抬起。

2.舌针

银笛SK280型提花编织机使用的是舌针，其结构如图2-9所示。舌针由针钩、针舌、针杆、针踵和针尾组成。舌针安置在针床和针槽里，针踵露出针床表面受机头三角装置作用，在针槽里做上下运动，而线圈在针杆上做相对滑动，从而完成封闭和开启针口的作用。因此，线圈的形成与舌针的表面光洁度、针舌转动的灵活度等有密切关系。

3.机头

机头上表面主要是各种控制手柄和机头反面各活动三角的操作杆，其结构如图2-10所示，与图对应的各部位作用见表2-4。

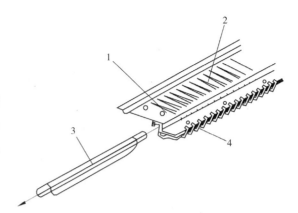

图2-8 银笛SK280型提花编织机针床的结构

1—针床板 2—针槽 3—压针条 4—沉降针

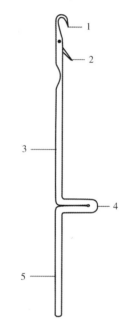

图2-9 银笛SK280型提花编织机舌针的结构

1—针钩 2—针舌 3—针杆 4—针踵 5—针尾

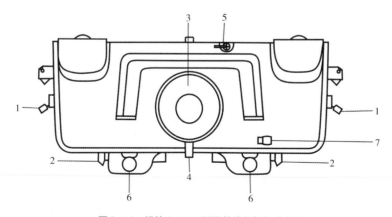

图2-10 银笛SK280型提花编织机机头结构

1—起针杆 2—推针三角杆 3—线圈密度调节盘 4—选花杆
5—计数器拨杆 6—导纱器螺母 7—机头释放杆

表2-4　银笛SK280型提花编织机机头结构名称及作用

编号	名称	作用
1	起针杆	也称侧凸轮杆，用来控制针床上B针位的织针，有两个位置 "●"位——使B针位织针在提花轮的下面通过，不受提花轮的作用 "▼"位——使B针位织针能与提花轮接触，根据花纹要求进行选针，编织花色组织
2	推针三角杆	也称持针凸轮杆、罗塞尔杆，用来控制D位织针，有两个位置。机头向左运动时，左边杆起作用；机头向右运动时，右边杆起作用 "Ⅰ"位——D位织针不编织 "Ⅱ"位——D位织针自动回到B位，参加编织
3	线圈密度调节盘	也称密度盘，用来调节织物密度，标有0～10的数字。"0"位时线圈最小，织物密度最大；"10"位时，线圈长度最大，织物密度最小。密度盘的调节应与所用纱线的粗细相配
4	选花杆	简称凸轮杆，有五种位置，将凸轮杆打在不同位置上可选择编织类型 O——平针，浮雕，起针　　　　S.J——架空，双面提花 T——集圈　　　　　　　　　　L——假空花（即线空花） F——双色提花
5	计数器拨杆	若将此拨杆指向计数器，机头往复编织，此拨杆拨动计数器，使其自动计数；反之，若此杆不指向计数器，不能拨动计数器，计数即停止
6	导纱器螺母	用来固定导纱器
7	机头释放杆	当机头在编织过程中遇到故障时，推动机头释放杆可释放阻塞的机头，并使机头在非实际编织的状态下移动

（五）花型变换机构

银笛SK280型提花编织机的花型变换机构由针床移动机构、针道变换机构和自动选针机构组成。

1.针床移动机构

银笛SK280型提花编织机与副机组合后属于双针床机，它具有针床移动的机构，可使两个针床的相对位置发生变化。针床的移位有两种形式，一种是副机针床的升降移位，另一种是副机针床的左右移位。副机针床升降移位与左右移位的目的及作用与上一节普通横机相同，此处不再复述。主副机间是利用一套连接装置连接的，该装置可以调节副机针床的高低位置，从而实现针床的织口调节。副机针床的左右横移，是利用齿轮或齿条机构移动副机针床来实现主副机针床相对位置的改变。

2.针道变换机构

银笛SK280型提花编织机的变换是通过机头表面的三角控制凸轮盘、三角开关杆、换向三角开关等来控制机头反面各活动三角的位置，使处在A、B、C、D不同位置的织针沿不同针道运动，从而实现编织不同花色组织的目的。

3.自动选针机构

银笛SK280型提花编织机的选针机构是提花轮式选针方式，利用直接选针方式进行选针，即织针单道进入机头，在机头内进行选针编织后又以单道出机头，机头左右两个选针器总是机头移动前方的选针器选针，而后方的选针器起记忆作用。这种选针机构的结构简单，信号传递环节少，编织提花所需动力小，效率高，使用、维修方便。

提花轮式选针机构主要由纹板、纹板输送器、提花记忆轮和提花轮等组成，其中纹板输送器安装在针床的底部，提花记忆轮和提花轮在机头的左右两侧各安装一套，在编织过程中，机头运行前方的提花轮起选针作用，机头运动后方的提花轮起记忆作用。

（1）纹板。纹板也称花卡，用聚氯乙烯片材料制成，可根据设计花型图案打孔。提花轮上的选针片根据纹板上有孔或无孔的不同信息对织针进行选针。纹板结构如图2-11所示，与之相对应的名称及作用见表2-5。

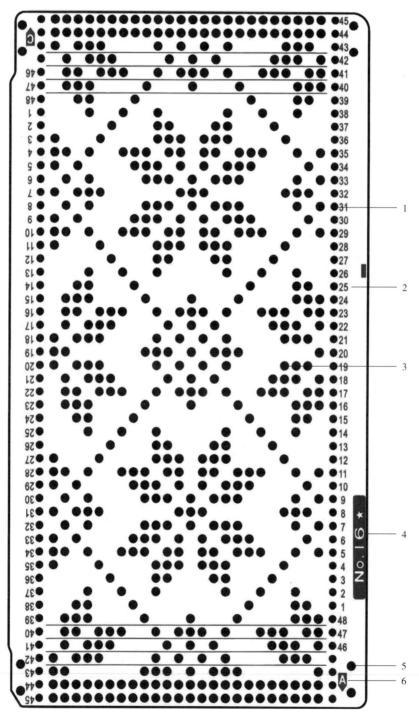

图2-11　纹板结构

1—传动孔　2—纹板行数　3—纹板孔　4—纹板编号　5—纹板边接孔　6—纹板输送方向

表2-5 银笛SK280型提花编织机纹板结构与作用

编号	名称	作用
1	传动孔	用于纹板输送机构输送纹板
2	纹板行数	该纹板的最大行数为48行，因此能编织的最大花高为48行，当超过48行时，可以将若干张纹板连接起来
3	纹板孔	使用时根据设计花型在这些位置上打孔，该纹板在有效宽度内共有24个孔，每孔对应1枚织针，因此该机的最大花宽为24针
4	纹板编号	便于对不同的纹板进行区分
5	纹板边接孔	用按扣通过此孔可将纹板连接起来
6	纹板输送方向	纹板上标有A、B、C、D四个输送方向，按"A"向输送时，编织出的织物图案方向与纹板上方向相同；而按B、C、D方向输送时，编织出的织物图案将随时做不同的变化

在编织过程中，由纹板选针机构提供信息，根据纹板上打孔或不打孔的不同信息，选针机构将织针送入不同的针道，再根据机头各三角的控制杆所处的不同位置，进入不同的编织状态，编织状态与纹板是否打孔的对应关系见表2-6。

表2-6 银笛SK280型提花编织机编织状态与花卡孔之间对应关系

选针杆位置	花卡打孔	花卡未打孔	注意事项
双色提花	编织提花纱线（2号纱线）	编织地纱（1号纱嘴的线）	—
集圈	编织平针	集圈	花卡连续不打孔不能太多
架空（不均匀提花、滑针）	编织平针	不编织	花卡连续不打孔不能太多
浮雕（镶线）	浮雕线在针杆之上	浮雕线在针杆之下	—
假空花	只编织地纱（2号纱嘴中的细线）	两种纱线一起编织	由粗线和同色或透明特细线组合编织产生空花效果
空花	舌针移圈	不移圈	不允许花卡上两孔并列

（2）纹板输送机构。纹板输送机构的作用是从纹板上识读花型信息，并把识读的信息传递给安装在机头上的提花记忆轮，然后使纹板移动一横列。

（3）提花记忆轮与提花轮。在选针过程中，提花记忆轮记忆从选针传递杆传递的花纹信息，并将此信息传递给提花轮，由提花轮根据所接收的信息进行选针。

（六）牵拉机构

编织机的牵拉机构是重锤式，它由穿针梳和重锤组成。穿针梳在起针时用来挂住底部的纱线并配合完成起针，重锤用来增加织物的牵拉力以便于脱圈。

二、银笛SRP60N型副机

SK280为单针床编织机，如果编织双面针织物，需要增加一个针床组合起来共同编织。SRP60N型编织机就是SK280的副机，需与SK280主机组合后才能编织，不能单独使用。

（一）副机针床

副机针床与主机针床的尺寸、结构功能相同，和主机靠桌钳呈"山"形组合起来共同实现双针床编织。组合后副机的位置既可以左右移动，也可以上下移动。

1.副机横移

副机可以靠针床移位装置左右横移实现前后针床相对位置的变化。针床移位装置位于副机的左下侧，由半针距杆、针床移位手柄、针床移位指示器组成，如图2-12所示。

半针距杆有"P"和"H"两个固定位置，移动半针距杆可以改变副机织针与主机织针间的相对位置。当半针距杆

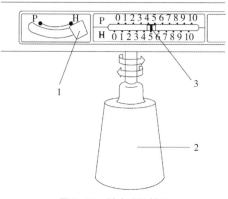

图2-12 针床移位装置
1—半针距杆 2—针床移位手柄 3—针床移位指示器

位于P位时，副机织针与主机织针位置相对，即针对针，当选用隔针选针时，可采取P位。当半针距杆位于H位时，副机机针移动半个针距，副机织针与主机织针处于错位关系，即针对齿，当满针选针时，需调节至"H"位。左右转动针床移位手柄，即可左右移动副机针床。在针床移位手柄的每个步进位置上，副机针床移动一个针距。要注意的是，当主副机上的织针在C位或D位时，不能转动移位手柄，否则会损坏织针。

2.副机上下移动

在副机针床的左右两端有下降杆，如图2-13（a）所示，使用下降杆可改变副机的上下位置。当副机与主机在同一高度时，向下压一次两边的下降杆，则副机针床降一档，主机与副机之间的距离为2~3cm，此时可以观察织物的长短或者修补等。继续向下压一次，则副机针床降到了最低位置，主机与副机之间的距离为5~6cm。如果只需要在主机上单独编织单面针织物，副机针床可下降到最低位置，方便编织与修补。要想重新将副机针床放到编织位置，用手托住向上抬副机的两边即可。当编织罗纹组织等双面针织物时，使用这个位置。

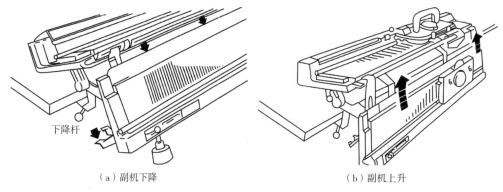

（a）副机下降　　　　　　　　　　　（b）副机上升

图2-13 副机上下移动

（二）副机机头

副机机头具体结构如图2-14所示，功能见表2-7。

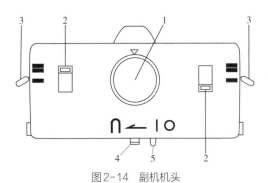

图2-14 副机机头

1—线圈密度调节盘 2—置位杆 3—推针三角杆 4—挑起杆 5—自动置位杆

表2-7 副机机头的结构与作用

编号	名称	作用
1	线圈密度调节盘	与主机密度盘作用相同，通过控制副机织针的弯纱深度来调节织物密度
2	置位杆	也称起针杆，用来控制"B"位织针，当挑起杆位于"←"时，置位杆的功能如下： "0"——非编织位，B位针将不编织 "1"——编织位，B位针将编织 当机头向左运动时，左边杆起作用；当机头向右运动时，右边杆起作用
3	推针三角杆	也称持针凸轮杆、罗塞尔杆，与主机作用相同，用来控制"D"位织针 "Ⅰ"——非编织位，D位织针不编织 "Ⅱ"——编织位，D位织针自动回到B位，参加编织
4	挑起杆	当与机头运动方向同侧的置位杆打在"0"时，控制B位针 "←"——非编织位，纱线不进行编织 "∩"——挑起位，纱线只是放在针钩内，形成集圈
5	自动置位杆	当与机头运动方向同侧的置位杆打在自动置位杆时可代替置位杆控制B位针，并且每隔一行自动选择编织或非编织行，自动置位杆连同驱动凸轮一起工作。用于编织集圈罗纹和双面提花"1"时，B位针均编织

（三）副机连接臂

副机连接臂主要承担连接主副机与喂纱的作用，其结构如图2-15所示。主导纱梭嘴用于编织除添纱罗纹编织以外的各种罗纹编织，当进行添纱罗纹编织时，需将主导纱梭嘴换成添纱导纱梭嘴。连接杆连接副机机头的锁定杆，连接杆向右推可松开副机机头。辅助导纱梭嘴杆是控制编织毛巾组织的拨杆，将辅助导纱梭嘴杆打到"P"位，辅助导纱梭嘴移动至工作位置，即可编织毛巾组织。驱动杆承载着启用换线器的作用，当使

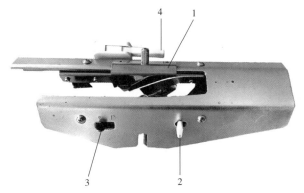

1—主导纱梭嘴 2—连接杆 3—辅助导纱梭嘴杆 4—驱动杆

图2-15 副机连接臂

用换线器时，将这个驱动杆抬起来；当不用换线器时，将驱动杆放到休止位上（非工作位），放到休止位时需将它轻轻向上提起，然后放下。

三 花式编织机的维护保养

编织机在使用过程中需要定期维护和保养，其主要任务是对针床和机头清洁和上油。一般每织完一件衣服后或者在每天固定的时间做好机器清洁。

（一）清洁针床

将机头从针床上移走，用清洁刷刷去所有机针和针床上的绒毛，用一块柔软的油布擦拭针柄和前、后导轨。

（二）清洁机头和插入板装置

将插入板从机头上移走，将机头翻转过来，刷去所有凸轮、机头导轨、滑块和其他金属部件上的绒毛，擦去旧油，用一块柔软的油布给上述位置涂油。将插入板装置翻转过来并刷去所有绒毛。用弹簧器具将圆刷或织物齿轮上的所有纱线和绒毛取走，以便它们能顺利转动。如有必要，卸下圆刷或织物齿轮以除掉它们下面的纤维或纱线。注意，上油时应采用油布擦拭，不能将油直接倒在设备上。

思考题

1.横机一般由哪些机构组成？各个机构分别起到什么作用？

2.简述舌针的成圈过程与横机编织的特点。

3.什么是横机的机号？与编织纱线细度有何关系？

4.银笛SK280型编织机的密度大小调节应考虑哪些因素？

5.银笛SK280型编织机的自动选针机构由哪些部分组成？

6.牵拉机构一般有哪几种形式？分别在哪类横机上应用？

7.银笛SK280型编织机编织时如何调节喂纱时的纱线张力？调节时考虑哪些因素？

8.银笛SK280型编织机的织针有哪几个针位？分别有什么作用？

9.银笛SK280型编织机编织平针、提花时，侧凸轮杆（起针杆）分别处于哪个位置？

10.银笛SK280型编织机如何更换坏针与保养？

第三章
纬编针织物组织

产教融合教程：成形针织服装设计与制作工艺

课题内容：

1.纬编针织物概述

2.纬平针组织

3.罗纹组织

4.移圈组织

5.提花组织

6.集圈组织

课题时间： 12课时

教学目标：

1.熟悉纬编针织物的主要结构参数、性能指标与表示方法

2.掌握常见纬编针织物组织结构、特性及应用

3.掌握用横机编织各种常见纬编针织物组织的方法

教学方式： 任务驱动、线上线下结合、案例、小组讨论、多媒体演示、现场实践

实践任务： 课前预习本章内容（本课程线上资源），分析纬编针织物样品组织结构，设计、编织纬编针织物，并应用在成形针织服装上。要求：

1.分析成形针织服装样品组织结构、主要结构参数，并画出织物组织图

2.根据服装样品的织物结构进行改进，设计出新的纬编针织物组织

3.调试设备，熟悉编织机的操作，并完成针织样片编织

4.将设计的针织物，应用在针织服装上，画出成形针织服装效果图

纬编针织物品种繁多，既能织成各种组织的内衣、外衣用坯布，又可编织成单件的成形和部分成形产品，同时纬编的工艺过程和机器结构比较简单，易于操作，机器的生产效率比较高。因此，纬编针织物在成形针织服装中应用广泛。

第一节　纬编针织物概述

一　纬编针织物基本概念

纬编针织物是指用纬编针织机编织，将纱线由纬向喂入针织机的工作针上（图3-1），使纱线顺序地弯曲成圈，并相互串套而形成的圆筒形或平幅形针织物。

（一）线圈

线圈是针织物的基本结构。如图3-2所示的纬编线圈结构图中，线圈由圈干1—2—3—4—5和沉降弧5—6—7组成，其中圈干部分包括直线段的圈柱1—2和4—5及圈弧2—3—4。

（二）横列与纵行

在针织物中，线圈沿织物横向组成的一行称为线圈横列，沿纵向相互串套的一列称为线圈纵行。纬编针织物的特征是，每一根纱线上的线圈一般沿横向配置，一个线圈横列由一根或几根纱线的线圈组成。如图3-3所示，提花织物每个线圈横列由两根纱线的线圈组成。

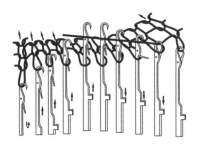

图3-1　纬编针织物编织过程

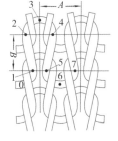

图3-2　纬编针织物
线圈结构

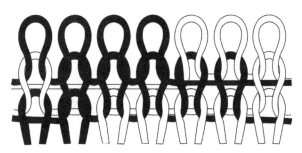

图3-3　提花织物线圈结构

（三）圈距和圈高

在线圈横列方向上，两个相邻线圈对应点之间的距离称为圈距，如图3-2所示，用A表示。在线圈纵行方向上，两个相邻线圈对应点之间的距离称为圈高，如图3-2所示，用B表示。

（四）正面、反面线圈

线圈有正面与反面之分，凡线圈圈柱覆盖在前一线圈圈弧之上的一面，称为正面线圈，如图3-4（a）所示；而圈弧覆盖在圈柱之上的一面，称为反面线圈，如图3-4（b）所示。

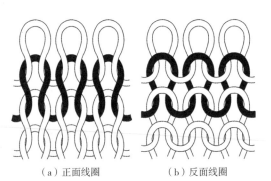

（a）正面线圈　　　　（b）反面线圈

图3-4　正面、反面线圈

根据编织时针织机采用的针床数量，纬编针织物可分为单面和双面两种。单面针织物采用一个针床编织而成，特点是织物的一面全部为正面线圈，而另一面全部为反面线圈，织物正反两面具有显著不同的外观，如图3-5（a）所示。双面针织物采用两个针床编织而成，其特征为针织物的任何一面都显示有正面线圈，如图3-5（b）所示。

（a）单面针织物　　　　　　　　　　　　　　　（b）双面针织物

图3-5　单面、双面针织物

二　针织物的主要结构参数

（一）线圈长度

线圈长度是指组成一个线圈的纱线长度，一般以毫米为单位。线圈长度不仅决定针织物的密度，而且对针织物的脱散性、延伸性、耐磨性、弹性、强力、抗起毛起球性、缩率和勾丝性等也有重大影响，故为针织物的一项重要指标。

（二）密度

纬编针织物密度有横密、纵密和总密度之分。横密是沿线圈横列方向，以单位长度（一般是5cm）内的线圈纵行数来表示。纵密是沿线圈纵行方向，以单位长度（一般是5cm）内的线圈横列数来表示。总密度是横密与纵密的乘积（25cm^{2}内的线圈数）。两种或两种以上针织物所用纱线细度不同，仅根据实测密度大小并不能准确反映织物的实际稀密程度，只有在纱线细度相同的情况下，密度较大的织物显现较紧密的外观特征，而密度较小的织物较稀松的外观特征。

（三）未充满系数和紧度系数

未充满系数为线圈长度与纱线直径的比值，计算方法见式（3-1）。

$$\delta = \frac{l}{d} \tag{3-1}$$

式中：δ ——未充满系数；

l ——线圈长度，mm；

d ——纱线直径，mm。

未充满系数反映了织物中未被纱线充满的空间，可以用来比较针织物的实际稀密程度。线圈长度越长，纱线越细，则未充满系数数值越大，织物越稀松。另一种表示和比较针织物的实际稀密程度的参数为紧度系数，紧度系数与纱线线密度、线圈长度的关系见式（3-2）。

$$T_F = \frac{\sqrt{Tt}}{L}$$

（3-2）

式中：T_F——紧度系数；

Tt——纱线线密度，tex；

L——线圈长度，mm。

由式（3-2）可知，纱线越粗，线圈长度越短，紧度系数越大，织物越紧密。

（四）单位面积重量

单位面积重量又称织物面密度，用每平方米干燥针织物的重量来表示（g/m²），是考核针织物的质量和成本的一项指标。该值越大，针织物越密实、厚重，耗用原料越多，织物成本将越高。

（五）厚度

厚度取决于织物组织结构、线圈长度和纱线细度等因素，一般可用纱线直径的倍数来表示。

（六）缩率

缩率是指针织物在加工或使用过程中长度和宽度的变化，可由式（3-3）求得。针织物的缩率有正负之分，如在横向收缩，而纵向伸长时，则横向缩率为正，纵向缩率为负。

$$Y = \frac{H_1 - H_2}{H_1} \times 100\%$$

（3-3）

式中： Y——缩率；

H_1——针织物在加工或使用前的尺寸；

H_2——针织物在加工或使用后的尺寸。

三 纬编针织物的分类

（一）基本组织

基本组织由线圈以最简单的方式组合而成，是针织物各种组织的基础。纬编基本组织包括纬平针组织、罗纹组织和双反面组织（图3-6）。

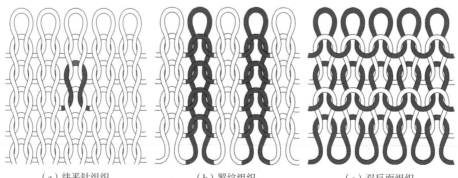

（a）纬平针组织　　　　（b）罗纹组织　　　　（c）双反面组织

图3-6　纬编针织物基本组织

（二）变化组织

变化组织由两个或两个以上的基本组织复合而成，即在一个基本组织的相邻线圈纵行之间，配置着另一个或另几个基本组织，以改变原来组织的结构与性能，如变化平针组织、双罗纹组织等。

（三）花色组织

采用取消部分成圈阶段、增加附加纱线、复合几种组织等方法，形成具有显著花色效应和不同性能的纬编花色组织，如提花组织、毛圈组织、移圈组织、波纹组织、复合组织等。

四　纬编针织物结构的表示方法

（一）线圈图

线圈在织物内的形态用图形表示称为"线圈图"或"线圈结构图"。可根据需要表示织物的正面或反面。如图3-7所示即纬平针组织正面线圈图和反面线圈图。

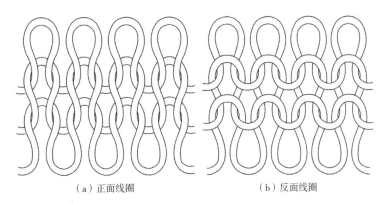

（a）正面线圈　　　　　　　　　　（b）反面线圈

图3-7　纬平针组织正、反面线圈结构图

从线圈图中，可清晰地看出针织物结构单元在织物内的连接与分布，有利于研究针织物的性质和编织方法。但这种方法仅适用于较为简单的织物组织，因为复杂的结构和大型花纹一方面绘制比较困难，另一方面不容易表示清楚。

（二）意匠图

意匠图是把针织物结构单元组合的规律，用人为规定的符号在小方格纸上表示的图形。每一方格行和列分别代表织物的一个横行和一个纵列。根据表示对象的不同，常用的有结构意匠图和花型意匠图。

1.结构意匠图

它是将针织物的三种基本结构单元，即成圈、集圈、浮线（不编织），用规定的符号在方格纸上表示。一般用"×"表示正面线圈，"○"表示反面线圈，"·"表示集圈，"□"表示浮线（不编织），如图3-8（a）表示某一单面织物的线圈图，如图3-8（b）表示与线圈图相对应的结构意匠图。尽管结构意匠图可以用来表示单面和双面的针织物结构，但通常用于表示由成圈、集圈和浮线组合的单面变化与复合结构，而双面织物一般用编织图来表示。当然，也可以用其他符号表示其意匠结构，如智能下数软件中方格纸部分是用"｜"表示正面线圈，"—"表示反面线圈，"⌒"表示正面集圈，"⌒"表示反面集圈，"⊖"表示浮线在正面，" ⌒ "表示浮线在反面。

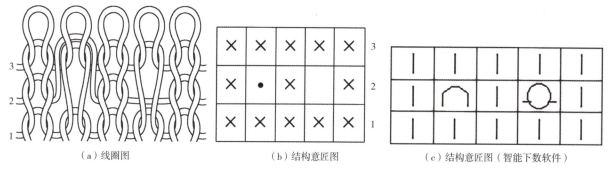

（a）线圈图 （b）结构意匠图 （c）结构意匠图（智能下数软件）

图3-8 线圈图与结构意匠图

2.花型意匠图

花型意匠图是用来表示提花织物一面的花型与图案的图解。每一方格均代表一个线圈，方格内符号的不同仅表示不同颜色的线圈，符号可自行规定。图3-9为三色提花织物的花型意匠图，其中"×"表示灰色线圈，"○"表示红色线圈，"□"表示蓝色线圈。在织物设计、分析以及制定上机工艺时，要注意区分上述两种意匠图表示的不同含义。

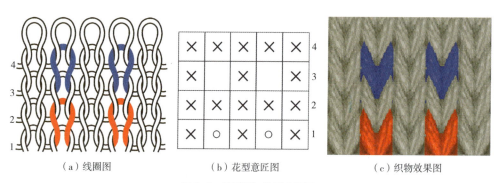

（a）线圈图 （b）花型意匠图 （c）织物效果图

图3-9 线圈图与花型意匠图

（三）编织图

编织图是将针织物的横断面形态，按编织的顺序和织针的工作情况，用图形表示的一种方法。如图3-10表示了满针罗纹和双罗纹组织的编织图。表3-1列出了编织图中常用的符号，其中每一根竖线代表一枚织针。

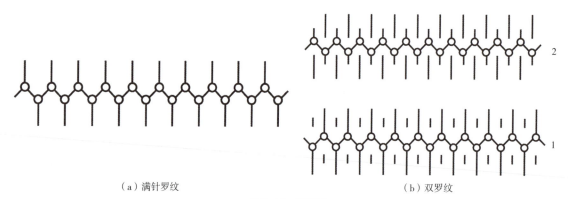

（a）满针罗纹 （b）双罗纹

图3-10 编织图

表3-1　成圈、集圈、不编织和抽针符号的表示方法

编织方法	织针	表示符号	备注
成圈	后针床织针		—
	前针床织针		—
集圈	后针床织针		—
	前针床织针		—
不编织	后针床织针		织针1、3成圈，织针2不参加编织
	前针床织针		织针1、3成圈，织针2不参加编织
抽针	前、后针床织针	I O I	符号"O"表示抽针，也可用"×"表示抽针

编织图不仅表示了每一枚针所编织的结构单元，而且显示了织针的配置与排列。这种方法适用于大多数纬编针织物，尤其是双面纬编针织物。

第二节　纬平针组织

纬编针织物基本组织有纬平针、罗纹、双反面三种组织。其中纬平针组织是成形针织服装中应用较多的基本组织，一般作为成形针织服装的衣身组织使用，呈现出经典简约风格。本节主要介绍纬平针组织结构、特性、编织与应用。

一　纬平针组织结构

纬平针组织又称平针组织、单面组织，企业也常称其为"单边"。它由连续的单元线圈单向相互串套而成。其线圈图、意匠图、电脑横机制板图（实质为编织图）、正面模拟效果图（智能下数纸软件模拟）如图3-11所示。

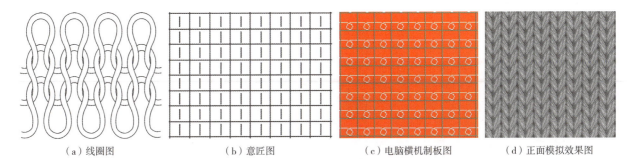

（a）线圈图　　　　（b）意匠图　　　　（c）电脑横机制板图　　　　（d）正面模拟效果图

图3-11　纬平针组织图解

二 \ 纬平针组织特性

纬平针织物的两面具有不同的外观，正面由线圈的圈柱形成纵向辫状外观，反面形成横向圈弧状外观；正面光洁、平整，反面光泽较正面暗淡。纬平针组织结构简单，织物轻、薄、柔软，纵横向延伸性都好，横向延伸性比纵向大。因在自然状态下纱线捻度不稳定，力图退捻，有些纬平针织物常发生线圈歪斜，使衣片变形，从而影响衣片的外观效果。纬平针织物四边具有明显的卷边现象，纵向断面向反面卷边，横向断面向正面卷边。织物沿横列方向和纵行方向均可脱散。

三 \ 纬平针组织编织

在双针床横机上，纬平针组织可以用其中任何一个针床编织，为了保障视野开阔和方便修补，通常在花式编织机的后针床上编织，电脑横机一般在前针床编织，容易进行更换织针等故障处理。当然，也可以在两个针床上轮流编织，形成如同圆机所编织的筒状结构的双层平针织物。

（一）单层纬平针起针与编织

用银笛SK280型编织机起针方式很多，如浮雕起针法、绕线起针法、钩针起针法、另线起针法、起底板起针法等，下面主要介绍浮雕起针与绕线起针两种方法。

1.浮雕起针法

（1）选针。可在横机的中部选择一定宽度的织针进行编织。机头放在针床一侧（这里以放在右侧为例），用推针板将需要的织针从A位推至B位。

（2）调节机头参数。凸轮杆"〇"，侧凸轮杆"●"，持针凸轮杆"Ⅱ"，浮雕杆"〜"密度盘按照纱线细度调节。推动机头2行，将织针排列整齐。

（3）用"1隔1"的推针板将B位的织针1隔1推至D位。

（4）将纱线放入导纱梭嘴，手持纱线尾端，将纱线放在D位织针上，手持纱尾在左侧织针下方，从右向左慢慢推动机头，使其通过所有织针，编织一行，继续推动机头，可编织第2行。

（5）编织4～5行后，在织物两端挂上爪锤，将浮雕杆抬起（"〇"位），往复移动机头即可编织平针。

2.绕线起针法

（1）选针。机头置于针床一侧（以置于右侧为例），用推针板将需要的织针从A位推至D位。

（2）绕线。将纱线钩挂在浮雕线托架上，从机头另一侧的端针开始绕线（从左侧绕线其方向为逆时针，从右侧绕线其方向为顺时针），使交叉点在针背处，注意绕线松紧度，以线圈可在织针上自由移动为宜。

（3）调节机头参数。凸轮杆"〇"，侧凸轮杆"●"，持针凸轮杆"Ⅱ"，浮雕杆"〜"，密度盘根据纱线细度调节合适的密度。

（4）将纱线放入导纱嘴，调节纱线张力，从右向左慢慢推动机头，使其通过所有织针，编织一行，继续推动机头，可编织第2行。

（5）编织4~5行后，在织物两端挂上爪锤，将浮雕杆抬起（"○"位），往复移动机头即可编织平针。

（二）双层平针组织编织

双层平针组织是指在两个针床上轮流编织，形成如同圆机所编织的筒状结构织物，如图3-12所示，也称双层平针组织或圆筒组织。双层平针组织可以作为衣片的下摆、袖口边，可以避免单层结构产生的卷边现象和脱散现象，也可以使开口部位厚实、平整、挺括。

图3-12　双层纬平针织物

（1）排针。针对齿，满针排针。副机的半针距杆调至"H"（针对齿）位，转动针床移位手柄至针床移位指示器"5"的位置。用1×1推针板将前、后针床织针交错排列至D位，即针对齿。

（2）设定机头参数。主机：侧凸轮杆"●"，持针凸轮杆"Ⅱ"，凸轮杆"O"，根据纱线细度调节密度盘；副机：罗塞尔杆（持针凸轮杆）"Ⅱ"，设定杆"1"，挑起杆"←"，自动置位杆"1"，将密度盘调至合适位置。将机头不带纱线推动2~3次，排齐织针。

（3）上梳。将纱线引入纱嘴，从主副机缝隙穿过，并缠绕在桌钳螺丝上。从左往右推动机头1行，使纱线交替地垫放在主副机的针钩内。将起针梳抽掉钢丝，左手拿起针梳的中心，对准排针数字中心，慢慢升起，与起针的纱线交错，高于纱线时，右手将钢丝穿入起针梳眼中，左手放下起针梳，并在起针梳下面均匀挂上重锤。

（4）双层平针编织。调节机头参数，主机：左侧的侧凸轮杆"▼"（右侧的侧凸轮杆仍在"●"位）；凸轮杆"S.J"；副机：左侧置位杆"0"，右侧置位杆"1"。往复推动机头，纱线会在主副机之间轮流垫纱编织形成双层纬平针织物。

（三）纬平针变化组织编织

1.间色横条平针组织织物

不同颜色的纱线按照设计要求横向间隔排列，形成色彩横条效应，如图3-13所示。横机编织时其操作要点是纱线更换，普通工业横机和电脑横机均配有2把及以上纱嘴（电脑横机一般配有16把纱嘴），可通过机头交替选择带纱嘴。而SK280型花式横机纱嘴是固定在机头插入板上的，不能通过纱嘴交替选用的形式换纱线，因此横条间色织物编织时，需要先将编织过的纱线从线口里取出，放到两侧的纱线固定片上，再将待织纱线放入线口，继续编织即可完成换线。注意在多次交替换线时，不要将待喂入纱线相互缠结，影响纱线顺利喂入。

2.纬平针抽针组织织物

纬平针抽针组织织物是指在编织纬平针组织的基础上，按照设计要求抽去一定的织针，从而形成纵向条纹外观，如图3-14所示，即在不同位置抽去一枚针编织不同横列，形成不同高度的抽针花型。花式横机编织此组织可以在起针时抽针部位就排在A位（非编织位），不进行选针编织平针组织，即可形成抽针组织；也可以在平针组织编织的基础上，采用移圈的方法移走抽针位置织针上的线圈，再将织针推至A位，继续编织也可完成抽针编织。

3.稀密平针组织织物

纬平针编织时变换针织物横列的密度，使织物各横列密度不同，从而形成松紧外观的横条效应，如图3-15所示。

图3-13 间色横条平针组织织物

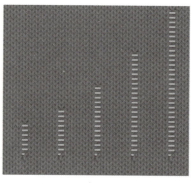

图3-14 纬平针抽针组织织物

图3-15 稀密平针组织织物

四 纬平针组织应用

纬平针组织是纬编针织物中最基础的组织之一，它能以最简单的结构打造出简约柔美风格的成形针织服装。将简单的肌理与高档的羊绒、超细羊毛等富有质感的材质相结合，呈现出最纯粹的简约高级感，充分展现极简舒适的韵味。如图3-16（a）所示，全身穿搭多件纬平针组织衣物，充分诠释和谐流畅的舒适风格，领口和腰部的细节设计为整体增添一抹亮色，下摆的垂坠感带来丰富的女性韵味。廓型宽松的纬平针组织单品与多种领型、袖型结合，可以打造出个性时尚的单品，如图3-16（b）所示为简约V领套衫，同时可采用平针的自然卷边细节［图3-16（c）］、线迹细节、不对称设计提升款式魅力。除此之外，还可以做精致的内搭，如图3-16（d）所示，中细纱支的材料与纬平针组织结合，打造舒适贴身的极简风单品，不同质感的裤装、裙装均可与其搭配，令整体造型休闲又不失精致感。

（a）　　　　　　　（b）

（c）　　　　　　　（d）

图3-16 纬平针组织在成形针织服装中的应用

第三节　罗纹组织

　　罗纹组织在成形针织服装中有着独特的魅力且经久不衰，它以优异的延弹性与纵向凹凸条纹肌理出众，是设计中长款连衣裙、圆领衫、高领衫等经典款成形针织服装的首选元素。以经典款的罗纹针织服装为基础，设计师在服装的廓型、结构、细节上进行创新突破，有设计感的个性时尚的罗纹针织产品越来越受市场的青睐。罗纹组织也因横向延弹性优异，在毛衫衣身与开口部位应用广泛。

一　罗纹组织结构

　　罗纹组织由正面线圈纵行和反面线圈纵行相间配置而成。由于织物的外观有明显的凹凸条，在毛衫行业中又称其为"坑条"。罗纹组织都是在满针罗纹的基础上抽去相应的织针得到的，因此也称为"抽针罗纹"，一般使用"$n_1+n_2+n_3+\cdots+n_n$"的形式表示，其中n_1、n_2、n_3表示正反面相隔的纵行（针）数，如1+1罗纹、2+2罗纹、3+2罗纹组织等，表示一个最小的循环单元里的正反面线圈纵行数。图3-17、图3-18分别为1+1罗纹、2+2罗纹组织的线圈结构图、意匠图、电脑横机制板图与模拟效果图。

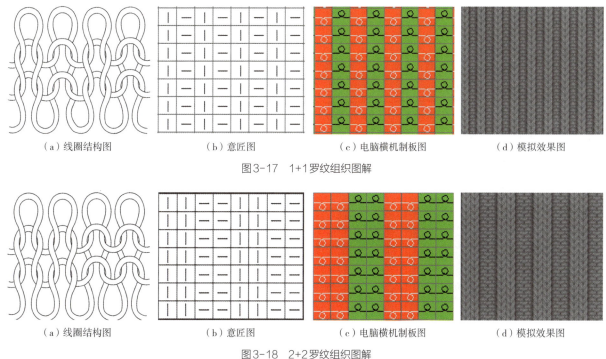

（a）线圈结构图　　　（b）意匠图　　　（c）电脑横机制板图　　　（d）模拟效果图

图3-17　1+1罗纹组织图解

（a）线圈结构图　　　（b）意匠图　　　（c）电脑横机制板图　　　（d）模拟效果图

图3-18　2+2罗纹组织图解

二　罗纹组织特性

　　罗纹组织具有较好的弹性、延伸性、不卷边、厚实、挺括、平整等性能。罗纹组织延伸性纵向与纬平针组织相似，横向延伸性比纬平针组织大。罗纹组织因造成卷边的力彼此平衡，基本不会出现卷边现象，但会产生脱散现象，通常在边缘横列只能逆编织方向脱散，顺编织方向一般不脱散。罗纹组织正反面线圈纵行相间配置，线圈的歪斜方向可以相互抵消，因此织物不会出现歪斜现象。罗纹组织特别适合制作内衣、毛衫、袜品等的边缘与开口部位，如领口、袖口、腰头、裤脚、下摆、袜口等，罗纹组织顺编织方向不能沿边缘横列脱散，所以上述收口部位可直接织成光边，无须再缝边或拷边。

三 \ 罗纹组织编织

罗纹组织属于双面针织物，需要双针床才能编织。若用SK280编织，需要与副机配套使用。编织时前后针床织针有"针对针"和"针对齿"两种排针方法，其位置关系如图3-19所示。

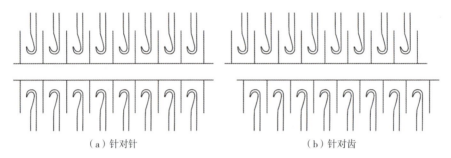

（a）针对针　　　　　　　　　（b）针对齿

图3-19 前后针床排针位置关系

如图3-20（a）所示的"针对针"排针的1+1罗纹，前后针床1隔1交错选针，因此，也称"1×1罗纹"；如图3-20（b）所示的"针对齿"排针的1+1罗纹，每枚针都参与编织，也称"满针罗纹"（或"四平组织"）。2+2罗纹组织也有两种排针方法，如图3-20（c）所示的"针对齿"排针，2隔1选针，因此，也称"2×1罗纹"；"针对针"排针规律如图3-20（d）所示，前后针床2隔2针对针，又称"2×2罗纹"，2×1与2×2外观十分相似，2×1罗纹仅在反面线圈组成的纵条看起来稍窄一点。下面主要介绍用SK280主机与SRP60N副机组合编织1×1和2×1罗纹的方法。

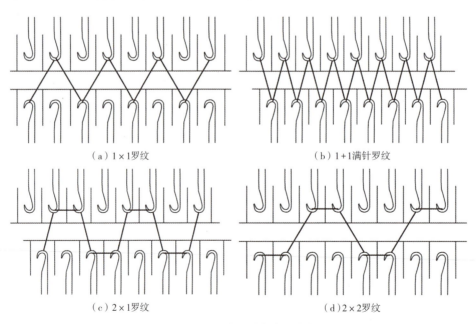

（a）1×1罗纹　　　　　　　　　（b）1+1满针罗纹

（c）2×1罗纹　　　　　　　　　（d）2×2罗纹

图3-20 罗纹组织排针及编织图

（一）1×1罗纹编织

（1）排针。针对针，1隔1排针。副机的半针距杆调至"P"（针对针）位，转动针床移位手柄至针床移位指示器"5"的位置。用1×1推针板将前、后针床织针交错排列至D位，即针对齿。

（2）设定机头参数。主机：侧凸轮杆"●"，持针凸轮杆"Ⅱ"，凸轮杆"O"，密度盘根据纱线细度调紧；副机：罗塞尔杆（持针凸轮杆）"Ⅱ"，设定杆"1"，挑起杆"←"，自动置位杆"1"，密度盘调紧。将机头不带纱线推动2～3次，排齐织针。

（3）上梳。与双层平针组织起针时上梳步骤相同，这里不再复述。

（4）空转，调节机头参数。主机：左侧侧凸轮杆"▼"（右侧侧凸轮杆仍在"●"位）；凸轮杆"S.J"；副机：左侧置位杆"0"，右侧置位杆"1"。往复推动机头3行，纱线在主副机之间交替编织（推动机头第1行，只有主机编织，第2行只有副机编织，第3行只有主机编织），形成圆筒状结构，即为圆筒，也称"空转"。

（5）1×1罗纹编织，调节机头参数。主机：左侧侧凸轮杆"●"（右侧侧凸轮杆仍在"●"位），凸轮杆"O"，密度盘放松两格左右；副机：左侧置位杆"1"，密度盘放松两格左右，其他设置维持不变。推动机头，主副机均参与编织，往复推动机头即可形成1×1罗纹。

（二）满针罗纹编织

（1）排针。针对齿，满针排针。副机的半针距杆调至"H"（针对齿）位，移动针床移位手柄使副机针床至针床移位指示器中间"5"的位置。用1隔1推针板无齿牙一面将编织区域中前、后针床上的织针推至D位，即主副机织针相互交叉，无碰撞。

（2）设定机头参数。与1×1罗纹起针时设定的机头参数相同，这里不再复述。

（3）上梳。与双层平针组织起针时上梳步骤相同，这里不再复述。

（4）空转。与1×1罗纹起针时空转步骤相同，这里不再复述。

（5）满针罗纹编织。与1×1罗纹编织步骤相同，这里不再复述。

（三）2×1罗纹编织

（1）排针。针对齿，2隔1排针。副机的半针距杆调至"H"（针对齿）位，移动针床移位手柄使副机针床至针床移位指示器中间"5"的位置。用2隔1推针板将编织区域中前、后针床上的织针推至D位，即主副机织针相互交叉，无碰撞，如图3-21所示。

（2）设定机头参数。与1×1罗纹起针时设定的机头参数相同，这里不再复述。

（3）上梳。与双层平针组织起针时上梳步骤相同，这里不再复述。

（4）空转。与1×1罗纹起针时空转步骤相同，这里不再复述。

（5）2×1罗纹编织。针床横移，将针床左移或右移一个针位（移动针床移位手柄使副机针床至针床移位指示器"4"或"6"的位置），使主副机上的织针呈现出2隔2的交叉规律。调节机头参数，主机：左侧侧凸轮杆"●"（右侧侧凸轮杆仍在"●"位），凸轮杆"O"，密度盘放松两格左右；副机：左侧置位杆"1"，密度盘放松两格左右，其他设置维持不变。推动机头，主副机均参与编织，往复推动机头即可形成2×1罗纹。

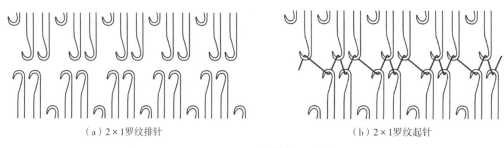

（a）2×1罗纹排针　　　　　（b）2×1罗纹起针

图3-21　2×1罗纹排针、起针

四　罗纹组织应用

　　罗纹组织自然的条纹肌理和收缩特性，可以塑造出简约流畅的廓型，具有极强的可创造力，因此在成形针织服装中的应用十分广泛。例如，制作全身罗纹成形针织服装时，罗纹的纵向纹理从视觉上带给人们舒适流畅的感受，如图3-22（a）所示，全身罗纹组织服装套装搭配使整体造型更加和谐统一，和谐的颜色搭配与高档的面料结合，塑造了高级的品质感。设计师也可以将特别的服装廓型、结构、细节，搭配以不变应万变的罗纹组织面料，打造出个性时尚的单品，同时可采用拧绕、垂感和不对称设计细节提升板型的魅力，如图3-22（b）所示，就是将服装做了后开衩设计，并运用蝴蝶结绑带连接，起到个性点缀的效果。极简精致的贴身罗纹内搭也是成形针织服装典型产品，舒适贴体，可单穿也可叠搭在大衣内，可居家休闲也可商务出行穿着，是时尚女性衣柜里一年四季都必备的百搭单品［图3-22（c）］。罗纹修身连衣裙作为女装针织领

（a）　　　　　　　　　　　　　　　　（b）

（c）　　　　　　　　　　　　　　　　（d）

图3-22　罗纹组织的应用

域的经典品类［图3-22（d）］，广泛受设计师和消费者的关注与喜爱。由于罗纹的弹力较好，穿着舒适，罗纹修身连衣裙采用极简舒适廓型就可以凸显女性优雅婀娜的身姿。

第四节　移圈组织

　　扭曲交错效果在针织服装设计中运用十分广泛。从经典的绞花毛衣，到交织缠裹的前卫时尚款针织造型，把平面的针织物塑造成三维的立体服装，其建筑感和雕塑感不言而喻。这种扭曲交错的效果，就是运用最基本的移圈组织，经设计师改造发展，或与镂空、扭结、交缠等立体的针织结构相结合，塑造出千变万化的针织款式。本节主要介绍移圈组织的结构、编织方法与运用。

一、移圈组织的概念

　　移圈组织也称纱罗组织，是在针织物基本组织的基础上按照花纹的要求，移动某些线圈的一个或数个针距形成的。采用不同的移圈方法，可以形成各种镂空花纹；适当组合移圈可以得到凹凸花纹、纵行扭曲效应以及绞花和阿兰花等。成形针织服装中常用的移圈组织主要有单向移圈和交叉移圈两大类。单向移圈也称挑花、挑孔，其线圈结构如图3-23（a）所示，交叉移圈又称为绞花，麻花，其线圈结构如图3-23（b）所示。

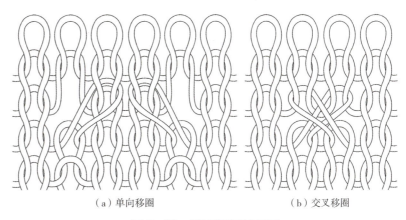

（a）单向移圈　　　　　　　　（b）交叉移圈

图3-23　移圈组织编织图

二、单向移圈组织

（一）单向移圈组织分类

　　单向移圈组织织物是在基本组织的基础上，根据花纹的要求，通过在不同针位、不同方向进行线圈移位而形成的。单向移圈又分为单针移圈和多针移圈。单针移圈是根据花纹要求形成有规律的孔眼，从而形成镂空的肌理效果，如图3-24（a）所示。多针移圈除了形成规律的孔眼外，还会出现斜向的线圈纹路，采用变化的多针移圈组合设计，可以呈现线圈左右歪扭与孔眼组合的肌理效果，如图3-24（b）所示。

（a）单针移圈　　　　　　　　（b）多针移圈

图3-24　单向移圈效果图

（二）单向移圈组织设计与编织

移圈组织编织的原理是用移圈工具（手摇横机）或借助另一个针床（电脑横机）将需要移动的线圈按设计方案移位。当一个线圈被转移到其相邻线圈之后，则在原来的位置上出现一个孔眼，适当设计孔眼的排列位置，就可以在织物表面形成由孔眼构成的各种花型或几何图案（图3-25）。

挑花组织一般在单面纬平针组织基础上进行，编织前在意匠图上设计挑孔移圈的花样，编织时根据意匠图的设计逐个移圈。单针移圈组织的设计与编织具体步骤如下。

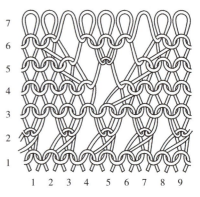

图3-25　单向移圈组织线圈结构图

（1）先准备意匠纸，构思花型图案。

（2）绘制花样。在意匠纸上设计、绘制花样图形。意匠图中"╲"和"╱"分别表示挑孔的位置和方向（也可以用其他符号表示），如图3-26所示就是图3-24移圈效果图对应的意匠图。

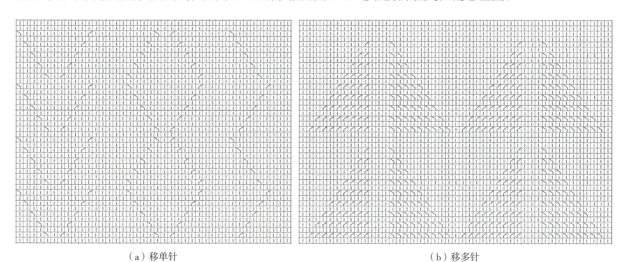

（a）移单针　　　　　　　　　　　　　　　　（b）移多针

图3-26　单向移圈意匠图

（3）按照花纹设计规律编织花样。无论是花式横机还是普通手摇横机都是用移圈器完成移圈动作，移圈具体操作如下：第一，手持1眼或多眼移圈器，将移圈器的孔眼放入待转移线圈的针钩，顺着织针拉移圈器，线圈完成退圈动作；第二，向针尾方向推织针，使线圈转移至移圈器；第三，移圈器脱离织针，勾住转移目标织针，将线圈滑入织针的针钩，完成线圈转移。

三 交叉移圈组织

（一）交叉移圈组织结构与特点

交叉移圈组织织物也称绞花、扭花、扭绳、麻花织物等。它是根据花型设计的要求，将两枚或多枚相邻织针上的线圈相互移圈，使这些线圈的圈柱彼此交叉，形成具有扭曲图案花型的一种织物，如图3-27所示。交叉移圈组织根据交叉线圈数可分为2绞2、2绞3、3绞3、6绞6（或称"6支扭6支""6×6绞花"）

等。一般为了突出绞花的立体感，绞花两边通常设计几个纵行的反面线圈，也方便手摇横机的操作。绞花组织也可按照交叉时左右组线圈重叠上下位置分为左绞右和右绞左绞花。如图3-27（a）所示，将左侧线圈移圈后压住右侧线圈，称为"左绞"，反之称为"右绞"，如图3-27（b）所示。

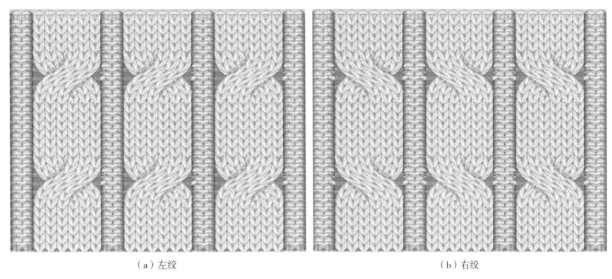

（a）左绞　　　　　　　　　　　　　　　　（b）右绞

图3-27　3×3绞花效果图

（二）交叉移圈组织的设计与编织

绞花织物的实质是线圈交换位置，如图3-28所示是与图3-27对应的意匠图。绞花类移圈织物既可以在普通横机上手工移圈，又可以在具有自动移圈功能的电脑横机上自动完成。绞花织物种类很多，在单面组织的基础上进行绞花，可以形成单面绞花织物，在双面组织的基础上进行绞花，可以形成双面绞花织物。无论是单面绞花还是双面绞花，改变同时移圈的针数、移圈的方向等，即可形成各种不同花纹图案的绞花织物（图3-29）。

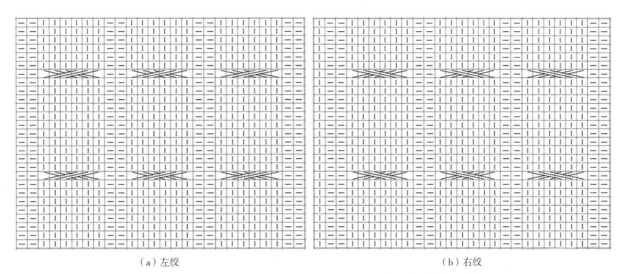

（a）左绞　　　　　　　　　　　　　　　　（b）右绞

图3-28　3×3绞花意匠图

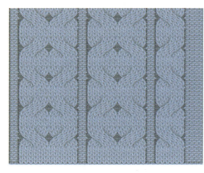

图3-29 绞花织物效果图

在意匠纸上设置好绞花花型后即可在横机上编织，跨针距小的绞花（如1×1绞花、2×2绞花）可直接交换线圈位置完成绞花。跨针距比较大的绞花（如4×3及以上的绞花）直接在绞花机头上移动比较困难，纱线也容易断，可以采用顶针、偷吃、偷织等方法完成。

（1）顶针：借助反针编织后再放掉的方式达到放松线圈的目的，使线圈交叉时不紧绷。

（2）偷吃：在绞花前一行编织时，绞花织针的1~2针不编织，呈现浮线状态，使绞花部分线圈分散在两个横列上，且浮线线段起到放松线圈的作用，使之相绞更容易实现。

（3）偷织：将绞花分成两次绞花，如共8针的4×4绞花，可先将最左边的6针做4×2绞花，再将右侧6针做4×2绞花，最终实现4×4的绞花效果。

四 移圈组织应用

移圈组织可以形成孔眼、凹凸、线圈倾斜或扭曲等效应，将这些结构按照一定的规律分布在针织物表面，形成特有的花纹图案，赋予成形针织服装肌理感。运用挑花组织可以设计出舒适透气的针织镂空肌理感夏季毛衫，如图3-30（a）所示，超细支纱线与镂空针法的组合设计带来轻薄质感，呈现优雅的透视效果。如图3-30（b）所示的雕刻镂空的针织套装，可以展现出虚实对比的空间感，提升空间的饱满立体度。应用基础的绞花组织对毛衫进行塑造，如图3-30（c）所示，使绞花组织有罗纹般的舒适流畅之感，和谐的颜色与羊毛温润的质感搭配，呈现出精致细腻感。极富变化的绞花也可与其他针织组织搭配，或与多种服装材质混搭，造就不同肌理的拼接效果，如图3-30（d）所示，带来层次丰富的三维立体空间效果。

（a）　　　　　（b）

（c）　　　　　（d）

图3-30 移圈组织在针织服装上的应用

第五节　提花组织

成形针织服装中呈现的千变万化的花纹图案，大多是通过提花组织这种结构表现出来的。提花组织存在多种结构，在织物正反面呈现出的效果也存在很大的差异，本节主要介绍提花组织的结构、特性、设计与编织及运用。

一　提花组织结构

提花组织是将纱线垫放在按花纹要求选择的某些织针上编织成圈，而未垫放纱线的织针不成圈，纱线呈浮线状留在这些不参加编织的织针后面形成的一种花色组织（图3-31）。其结构单元由线圈和浮线组成。提花组织一般可分为单面提花和双面提花两大类别。

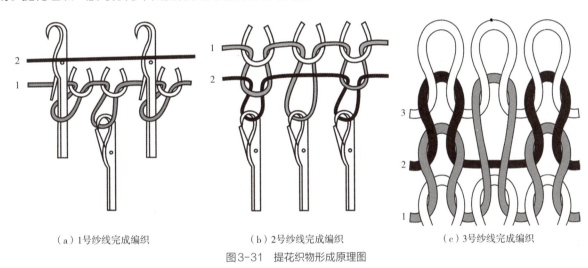

（a）1号纱线完成编织　　　　（b）2号纱线完成编织　　　　（c）3号纱线完成编织

图3-31　提花织物形成原理图

1—1号纱线　2—2号纱线　3—3号纱线

（一）单面提花组织

单面提花组织是由平针线圈和浮线组成的。其结构有均匀和不均匀两种。

1. 单面均匀提花组织

单面均匀提花组织一般采用不同颜色或不同种类的纱线进行编织，每一纵行上的线圈个数相同，大小基本一致，其结构如图3-32所示。

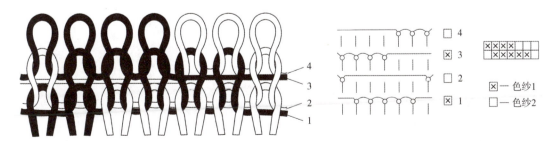

图3-32　单面均匀提花组织结构

单面均匀提花主要通过不同纱线的组合形成花纹效应（图3-33）。因此，设计时采用意匠图来表示更为方便。但是，在单面均匀提花织物中，连续浮线的次数不宜太多，一般浮线宽度控制在1.5cm以内。这是因为编织时过长的浮线将改变垫纱的角度，可能使纱线垫不到针钩内。除此之外，在织物反面，过长的浮线也容易引起勾丝和断纱，影响服用性能。

2.单面不均匀提花组织

单面不均匀提花组织常采用单色纱线编织，某些纵行上的线圈个数存在一定差异，线圈大小也有所不同。其结构如图3-34所示。

在单面不均匀提花组织中，由于某些织针连续几个横列不编织，这样就形成了拉长的线圈，这些拉长的线圈抽紧了与之相连的平针线圈，使平针线圈凸于织物表面，从而使针织物表面产生凹凸效应。某一线圈拉长的程度与连续不编织（即不脱圈）的次数有关。一般用"线圈指数"来表示编织过程中某一线圈连续不脱圈的次数。织物反面的浮线按照花纹设计，可以形成架空的浮雕图案，如图3-35所示。

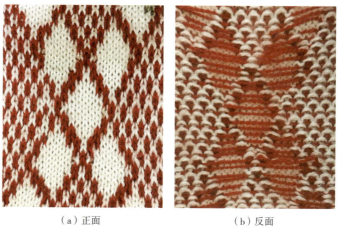

（a）正面　　　　　　　　（b）反面

图3-33　单面均匀提花组织织物

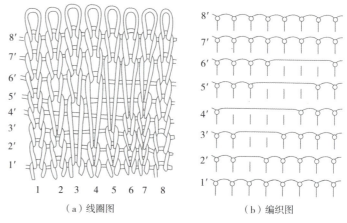

（a）线圈图　　　　　　　（b）编织图

图3-34　单面不均匀提花组织结构

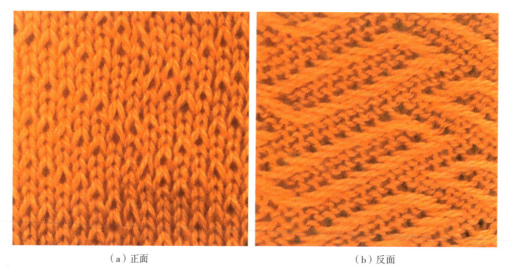

（a）正面　　　　　　　　　　　（b）反面

图3-35　不均匀提花组织织物

（二）双面提花组织

双面提花组织在具有两个针床的针织机上编织而成，其花纹既可在织物的一面形成，也可在织物的两面形成。在实际生产中，大多采用在织物的正面按照花纹要求提花，在织物的反面按照一定的结构进行编织。常用的双面提花组织的反面有横条、芝麻点、空气层、空气层网状提花等结构，其正、反面分别如图3-36、图3-37所示。

图3-36　双面提花组织正面

（a）横条提花反面　　　　（b）芝麻点提花反面　　　　（c）空气层提花反面　　　　（d）空气层网状提花反面

图3-37　双面提花组织反面

二　提花组织特性

由于提花组织中存在浮线，因此延伸性较小。单面组织的反面浮线不能太长，以免产生抽丝疵点；在双面组织中，反面织针也参加编织，不存在浮线过长的问题，即使有，也被夹在织物两面的线圈之间，对服用性能影响不大。由于提花组织的线圈纵行和横列是由几根纱线形成的，它的脱散性较小，织物较厚，平方米克重较大。

三　提花组织的设计与编织

无论编织哪种提花组织，都必须设计图案，设计提花组织花型时，也要注意控制其颜色数量，一般不要超过4种，最多可以做6色提花，否则织物太厚，也不容易编织。提花图案编织规律依赖于选针方式，无论电子选针设备还是机械式纹板选针设备，都要在意匠纸上预先设计图案。这里以银笛SK280型花式横机为例介绍单面均匀提花与不均匀提花的设计与编织。

（一）单面均匀提花组织设计与编织

（1）构思花型。设计花型时要注意，SK280型花式横机同一行只能编织2种颜色的纱线。单面均匀提花组织编织设计时，浮线不宜太长，否则容易引起勾丝，所以在设计时一般不超过5个圈距。

（2）绘制提花意匠图。取出一张空白花卡纸（纹板纸），在空白花卡纸上有格子的一面绘制图案，注意左右连续性；左右24针为一个循环，或者为24的公约数，如12、8、6等。

（3）打孔机打孔。花卡纸上打孔的地方编织线口（导纱梭嘴）2中的纱线，没打孔的地方编织线口

（导纱梭嘴）1中的纱线，即底色线。

（4）安装花卡。织物起口完成后，将花卡垂直于花卡槽口，旋转喂入转盘，将花卡从后面传出。用手捏住花卡上下两端，使花卡的左右两端各2个固定的孔重叠，再用花卡卡扣固定花卡的左右两端，旋转喂入转盘确认花卡是否安装成功。此外，编织前将花卡导入杆插入后面的孔内，以便清楚地看到花卡上面的数字。

（5）记忆花卡一行。编织前将花卡旋转到起始（标"1"）位置之后按下锁定杆；拉动一次机头使其记忆花卡的花型。

（6）编织。提花是由两种颜色的纱线进行编织的花型组织，花卡上面没有孔的位置编织1号纱嘴中的纱线，花卡上面有孔的位置编织2号纱嘴中的纱线。再准备一根用来配色的纱线；底色的纱线放在1号线口；配色的纱线放在2号线口。调节机头参数：锁定杆解除，机头两侧的侧凸轮杆放在"▼"的位置，持针凸轮杆放在"Ⅱ"位置，机头凸轮杆放在"F"位置。移动机头即可编织提花。若将纵向花样放大，杆在"L"位置时，可以使编织处提花花样纵向放大2倍。

（二）单面不均匀提花组织设计与编织

（1）构思花型。设计花型时要熟悉其编织原理，注意线圈指数不要太大。单面不均匀提花组织设计是将纱线垫放在选择的织针上进行编织成圈，而那些不垫放新纱线的织针上，旧线圈不进行脱圈，这样新纱线就呈水平浮线状处于这支不参加编织的织针后面，以连接相邻织针上形成的线圈。当没有参加编织的织针待以后编织成圈时，才将提花线圈脱圈在新形成的线圈上，这样使织物的反面呈现出凹凸浮线效果。

（2）绘制不均匀提花意匠图。具体方法同均匀提花组织。

（3）打孔机打孔。不均匀提花组织编织是在花卡打孔的地方进行平针编织；没有打孔的地方纱线不被编织。

（4）安装花卡，拨下锁定杆，推动机头使机头记忆花卡一行。

（5）调节机头参数。密度一般比平针要大一格；凸轮杆放在"S.J"位置；侧凸轮杆放在"▼"位置；持针凸轮杆放在"Ⅱ"位置。

（6）编织。解除花卡锁定杆，然后往复推动机头。如果推动时不太顺畅，可以推出离机头较远的一根织针至D位。

不均匀提花组织若用不同的色纱编织，在织物正面会形成色彩花纹效应，其独特的外观效果是成形针织服装的理想选择，一般花式横机可通过织一转交替换线来实现。

四 \ 提花组织应用

提花组织中选用的图案变化多样，在成形针织服装中表现出不同的风格。经典的费尔岛纹就是针织设计中出现频率极高的一款图案，几何形状的图案通过不同组合被彩色毛线绘制出来，在毛衣上形成独特的花纹，散发着英式田园风。如图3-38（a）、图3-38（b）所示，花卉图案形态各异、颜色丰富多彩，在针织服装中可表现出优雅、活泼、随性等不同风格。如图3-38（c）所示，精致花朵图案搭配细腻柔感纱线，呈现出高雅的浪漫气息。如图3-38（d）所示是以满版提花为主的时尚Polo衫，经典格纹虚实组合，使穿着者显得更加年轻干练。

| （a） | （b） | （c） | （d） |

图3-38 提花组织应用

第六节 集圈组织

集圈组织按照一定的规律组合可以形成许多花纹效应，如网眼效应、凹凸肌理效应、彩色表面效应及仿手工绣花效应等，在成形针织服装中应用广泛。本节主要介绍集圈组织的结构、特性、编织与应用。

一 集圈组织结构

集圈组织是在针织物的某些线圈上，除套有一个封闭的旧线圈以外，还有一个或几个未封闭悬弧的花色组织，其结构单元由线圈与悬弧组成。具有悬弧的旧线圈形成"拉长线圈"，如图3-39所示，a为单针三列集圈，b为双针双列集圈，c为三针单列集圈。

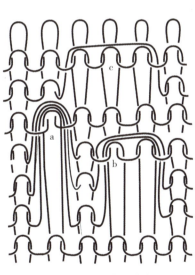

图3-39 集圈组织结构

（一）单面集圈组织

单面集圈组织是在平针组织的基础上进行集圈编织形成的，其花纹变化繁多。

1.结构效果

利用集圈单元在平针中的排列可形成各种结构的花色效果，如斜纹效果、凹凸网眼效果等。

（1）斜纹外观效果。如图3-40所示，为采用单针单列集圈单元在平针线圈中有规律排列形成的一种斜纹效应。

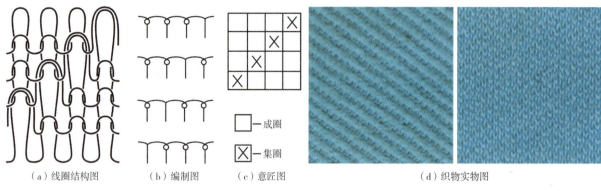

（a）线圈结构图　　　（b）编制图　　　（c）意匠图　　　　　　（d）织物实物图

图3-40　集圈组织斜纹

（2）凹凸小孔效果。采用单针双列和单针多列集圈形成的凹凸小孔效应，如珠地网眼织物就是典型的这类组织。悬弧越多，形成的小孔越大，织物凹凸效应越明显。如图3-41所示为双珠地的结构图、意匠图与织物实物图。

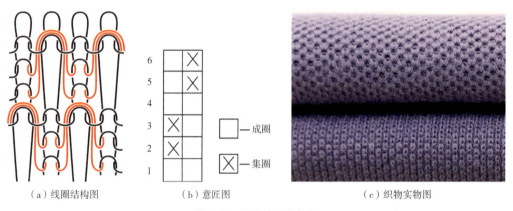

（a）线圈结构图　　　　　（b）意匠图　　　　　（c）织物实物图

图3-41　双珠地凹凸小孔

2.彩色花纹效果

采用色纱编织时，凡是形成悬弧的色纱将被拉长线圈遮盖，在织物的正面呈现拉长线圈色纱的色彩效果。在集圈组织中，由于悬弧被正面拉长线圈遮盖，因此在织物正面看不见悬弧，只显示在反面。采用色纱编织时，在织物正面只显示拉长线圈色纱。如图3-42所示，为采用两种色纱和集圈单元组合形成的彩色花纹效果，两个横列的灰色纱线与红色纱线交替排列，使正面形成具有提花外观的花纹效果，且外观与凹凸肌理感并存。

（a）意匠图

（b）模拟效果图

图3-42　彩色花纹效果

（二）双面集圈组织

双面集圈组织是在双针床针织机上编织而成的，既可以在一个针床上集圈，也可以同时在两个针床上集圈。常用的双面集圈组织有半畦编和畦编组织。半畦编组织也称"单元宝"，如图3-43所示，集圈只在织物的一面形成，两个横列完成一个循环。半畦编组织由于结构不对称，两面外观效果不同。畦编组织也称"双元宝""柳条"，如图3-44所示，集圈在织物的两面交替形成，两个横列完成一个循环。畦编组织结构对称，两面外观效果相同。由于悬弧的存在和作用，畦编组织和半畦编组织比罗纹组织重、厚实、宽度增加，它们被广泛用于成形针织服装中。

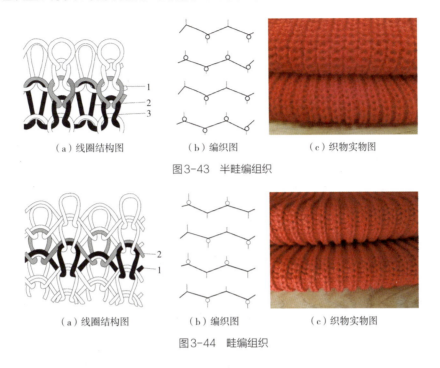

（a）线圈结构图　　　（b）编织图　　　（c）织物实物图

图3-43　半畦编组织

（a）线圈结构图　　　（b）编织图　　　（c）织物实物图

图3-44　畦编组织

二 集圈组织特性

集圈组织的脱散性、横向延伸性较平针与罗纹组织小，但容易抽丝。因悬弧的存在，与平针、罗纹组织相比，织物厚度较大，宽度增加，长度缩短。另外，集圈组织的线圈大小不均，与平针、罗纹组织相比强度较小。

三 集圈组织设计与编织

单面集圈组织的设计与编织过程如下。

（1）构思花型。在设计花型时，注意在一枚针上连续集圈的次数一般不能太多。否则在编织过程中，纱线容易断裂或脱圈。

（2）取出空白花卡纸，用笔在空白花卡纸上设计集圈花型。

（3）打孔机打孔。花卡上打孔的地方编织平针，没穿孔的地方在针钩里会留下一个悬弧，形成一个集圈的效果。

（4）安装花卡，拨下锁定杆，推动机头使机头记忆花卡一行。

（5）调节机头参数。密度一般比平针要大一格，凸轮杆放在"T"位置；侧凸轮杆放在"▼"位置，持针凸轮杆放在"Ⅱ"位置。

（6）编织。解除花卡锁定杆，然后往复推动机头。如果推动时不太顺畅，可以推出离机头较远的1~2根织针至D位。

四 \ 集圈组织应用

集圈组织外观呈现效果变化多端，被设计师巧妙地应用于成形针织服装中，展现出集圈的魅力。如图3-45（a）所示，单面集圈针法形成的网眼效果为毛衫带来成衣化外观，褶皱网眼肌理的运用增加毛衫微立体层次感，更显优雅简洁。如图3-45（b）、图3-45（c）所示，利用粗针距的编织方式的畦编组织呈现出富有肌理感的纵条纹表面效应的经典针织衫，其尺寸比罗纹组织织物更加稳定，不同领型的运用可丰富穿搭的可能性，并从基础款升级为奢华款，更加适合现代市场。

（a） （b） （c）

图3-45 集圈组织运用

思考题

1.纬编针织物组织结构的表示方法有哪几种？各有何特点？

2.用来表示成形针织物稀密程度的指标有哪几个？它们是如何表示的？

3.影响针织物脱散性的因素有哪些？

4.影响针织物起毛起球的因素有哪些？

5.纬编成形针织物基本组织有哪几种？各有何特点？

6.典型移圈组织有哪些品种？外观分别有什么特征？

7.一块平针织物下机宽度为30cm，洗水后宽度为29cm，求其横向缩率。

8.如何测量针织物的横密和纵密？

9.单面均匀提花组织与不均匀提花组织的结构与外观有何不同？单面不均匀提花组织设计时应注意哪些因素？为什么？

10.简述集圈组织的结构、性能，并举例说明在服装中的应用。

第四章
针织服装色彩与图案设计

产教融合教程：成形针织服装设计与制作工艺

课题内容：

1.针织服装色彩设计

2.针织服装图案设计

课题时间： 4课时

教学目标：

1.掌握针织服装色彩选择及搭配设计方法

2.掌握针织服装图案特征、类型及表现形式

教学方式： 任务驱动、线上线下结合、案例分析、

多媒体演示、启发式教学

实践任务： 课前预习本章内容（本课程线上资源），收集流行色的配色方式，并将不同的配色方式应用于针织服装图案设计中。要求：

1.选定主题设计服装图案，结合流行色对图案进行色彩搭配，并绘制系列针织服装效果图

2.选择系列中任意一个服装图案完成制作，色彩及图案表现效果美观，且满足时尚审美需求

第一节　针织服装色彩设计

当今社会，消费者对针织服装的时尚感、形式美要求越来越高，作为影响服装视觉效果的重要因素之一，针织服装色彩搭配设计在审美感受上显得尤为重要。色彩由色相、明度和纯度三个要素组成，设计时改变三者中任一要素都会对服装产生不同的视觉影响。例如，服装色彩中若能把握和控制好明度对比，就可以营造很强的服装层次感和丰富的色彩感；若不同色相之间搭配组合，就可以产生不同的服装风格和视觉效果。因此，服装色彩设计不是孤立存在的，设计时需充分考虑服装款式、造型以及面料的相互关系，保持与整体设计所表达的理念一致。

一　色彩基础

（一）色彩属性

色彩的三属性是指色彩具有色相、明度、纯度三种重要属性，三属性是界定色彩感官识别的基础，灵活变化应用三属性是色彩设计的基础。色相是色彩的相貌名称，是色彩最明显的特征，由其来区分色彩种类和名称。明度指的是色彩的明暗程度，也是所有颜色都具有的属性。纯度是指色彩的鲜亮程度，由色彩所含单色相的饱和程度所决定。

（二）色彩分类

色彩分为无彩色与有彩色。无彩色指的是黑、白、灰系列，从物理角度看，黑、白、灰不包括在可见光谱中，故不能称为色彩，即该系列只有明度变化不具备色相和纯度。无彩色系列针织服装的审美价值是永恒的，同时在色彩系列中扮演着重要角色，图4-1所示为西蒙娜·罗莎 (Simone Rocha) 服装。

有彩色指包括在可见光谱中的全部色彩，它们均具有色相、明度、纯度三种基本特征，在色彩学上也称为

图4-1　无彩色服装　　　　　图4-2　有彩色服装

色彩三要素。与无彩色系列服装不同的是，有彩色系列服装的视觉冲击力更强，效果更为突出，图4-2所示为D二次方(DSquared2)品牌服装。

（三）色彩对比

色彩对比在色彩设计中极为重要。色彩对比是指两色或多色并置时出现的色彩差别现象，是通过对照显示出的色彩之间的差异。由于色彩本身互不相同，它们所构成的对比关系也必然各具特色，而且具有其

他对比无法代替的特点与效果。

色彩对比可分为色相对比、明度对比、纯度对比、冷暖对比、综合对比等。明度对比指一个色相加入不等量的黑或白产生的不同明度差别。纯度对比是任意标准色之间艳度、灰度的差别，或是同一标准色加入黑、白、灰或其他颜色后产生的艳度、灰度差别。冷暖对比是人们对色彩冷、暖的心理感受，基于人们的联想而产生。色相对比是指因色相之间的差别所形成的对比，根据在色相环上的远近距离分为同类色对比、邻近色对比、类似色对比、中差色对比、对比色对比以及互补色对比等六种对比效果。

1. 邻近色对比

邻近色在色相环上是与基色相接的色彩，距离为15°~30°，如图4-3（a）所示为以黄色为例的邻近色对比配色，可见邻近色之间在色相上差别很小，是最微弱的色相对比，视觉效果上柔和、舒缓且冲击力较弱。如果仅使用邻近色对比进行配色会感觉单调，因此可借助明度或纯度对比的变化弥补色相感上的不足，强化色彩对比，使服装具有生动活泼、有生机的视觉效果。

（a）邻近色对比配色

2. 类似色对比

类似色比邻近色的对比效果更为明显一些，如图4-3（b）所示为以黄色为例的类似色对比配色，两种色彩在色相环上距离为60°左右，色相之间含有较多的共同因素，视觉上既保持了邻近色的统一与柔和，又具有耐看、鲜明的优点。在进行服装类似色对比配色时同样要在明度或纯度上寻求变化，不然也会显得单调，或者可以利用小块的对比色或灰色作为点缀，以增加服装的设计变化。

（b）类似色对比配色

3. 中差色对比

中差色对比在色相环上距离为90°左右，如图4-3（c）所示为以黄色为例的中差色对比配色，它的对比效果介于类似色与对比色之间，两种颜色之间色相差异比较明显，视觉效果略显清新明快、柔美秀雅，但在进行服装色彩设计时容易产生沉闷之感，因此需注意调整配色的明度、纯度以及使用的面积。

（c）中差色对比配色

4. 对比色对比

对比色在色相环上相隔距离为120°左右，如图4-3（d）所示为以黄色为例的对比色对比配色，两个色彩一般在色相上具有的共同因素很少，色相比较强烈。色彩对比效果鲜明、欢乐、活跃，具有饱和、活跃的感情特点，这一类色彩搭配容易使人兴奋，也易产生不协调感，需要恰当使用。

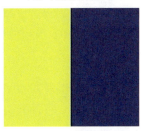

（d）对比色对比配色

5. 互补色对比

两色在色相环上相差180°、距离最远的为互补色对比，如图4-3（e）所示为以黄色为例的互补色对比配色，配色之间在色相上具有的共同因素很少，是两个完全相反的颜色，也是色相对比中最强烈的一种对比方式。一般来说，互补色对比只有三对，即红与绿、黄与紫、蓝与橙。互补色对比强烈，可以用来改变单调平淡的色彩效果，但是处理不当极易出现杂乱、刺激、生硬等弊病。

（e）互补色对比配色

图4-3 色彩对比案例

二、色彩搭配组合

服装色彩是服装给人的第一印象，它具有极强的吸引力。服装色彩搭配是指通过不同的配色手法对色彩进行搭配，以修正、掩饰消费者身材的不足，并强调个人优点，从而使服装取得更好的视觉效果。

（一）零度组合

零度组合是指色彩中没有出现明显的色相变化，只包含明度和纯度变化的组合方式，例如无彩色组合、无彩色与有彩色组合、同种色组合以及无彩色与同种色组合等。

无彩色组合配色的服装效果大方、庄重、高雅而富有现代感，但易产生过于肃静的单调感。图案造型较多采用简洁的几何形态、抽象形态等，如图4-4（a）所示为MURMUR MI品牌服装。

无彩色与有彩色组合使服装效果既大方又活泼，为避免杂乱，在配色时须考虑色彩面积。当无彩色面积大时，有彩色起点缀作用，而当有彩色面积大时，活泼感加强，无彩色则起调和作用，如图4-4（b）所示为三宅一生（ISSEY MIYAKE）品牌服装。

同种色组合指一种色相的不同明度或不同纯度的变化组合，是最稳妥、最保守的配色方法。采用这类配色方式的服装效果易达成统一，构造出简朴、自然的背景，具有文静、雅致、含蓄之感，但使用不当也容易产生单调、呆板的弊端，因此进行服装配色时必须拉大其明度与纯度差，如图4-4（c）所示为Helmstedt品牌服装。

（a）无彩色组合　　　　　（b）无彩色与有彩色组合

（c）同种色组合　　　　　（d）无彩色与同种色组合

图4-4　零度组合配色服装

无彩色与同种色组合综合了无彩色与有彩色组合及同种色组合的优点，使服装既统一又有一定的层次感。需注意的是，设计服装时其服饰风格特点应当与图案及图案色彩融合，如图4-4（d）所示为坦尼娅·泰勒(Tanya Taylor)品牌服装。

（二）调和组合

调和组合是指色彩色相、明度、纯度都较为接近的组合方式，此配色会使人产生一种柔和的感觉，例如邻近色组合、类似色组合、中差色组合。

邻近色组合在进行图案设计时，须注意色块的数量或者色相之间的穿插性以及服装款式的层次感，如图4-5（a）所示为PH5品牌服装。

类似色组合是较为安全的配色方法，其色调轻快，可以表现出统一、和谐的效果。类似色组合产生明快、生动的层次效果，能体现空间的深度和变化，因此所设计出的图案及服装层次丰富，整体容易形成统一色调，如图4-5（b）所示为德赖斯·范诺顿（Dries Van Noten）品牌服装。

中差色组合效果强烈饱满，组合有力度又不失调和之感，如图4-5（c）所示为德赖斯·范诺顿品牌服装。

这类搭配组合可在设计时降低色彩纯度，使色彩之间相互协调，给人以谦虚、成熟感，借用这种色彩情绪增强人与人之间和谐、亲切之感，而且利用低纯度更易于搭配，能将服装搭配出丰富的组合效果。

（a）邻近色组合　　　　　　　　（b）类似色组合　　　　　　　　（c）中差色组合

图4-5　调和组合配色服装

（三）强烈组合

对比色组合效果强烈、醒目但容易使人感到视觉疲劳，因此在进行服装色彩搭配时应先衡量所要突出的服饰部位，然后对进行组合的几种色彩进行分配，选择其中一种颜色作为服装的主体色调，将这一色彩面积最大化处理，其他色彩则作为点缀，或将对比色相的明度或纯度降低，从而弱化两个颜色的对比度，避免"抢色"的后果——令整套服装单调且没有重点，如图4-6（a）所示为克里斯汀·万诺斯（Christian Wijnants）和卡撒天娇（CASABLANCA）品牌服装。

（a）对比色组合

互补色组合色彩效果强烈、炫目，有时也会有较好效果，但处理不当易产生粗俗、不协调的感觉。因此，设计时需把握好图案造型、色彩之间的关系，或者添加其中一个颜色的邻近色进行调和，以减弱色彩之间的视觉冲击力，使针织服装色彩更加协调、耐看，如图4-6（b）所示为D二次方和路易莎·斯帕尼奥利（Luisa Spagnoli）品牌服装。

色彩搭配使用时，由于色彩间的相互影响，会产生与基础色不同的视觉效果。例如，淡色与较强的色彩搭配会变得活泼，而与相邻色彩搭配会显得较为平静。另外，还需注意色彩

（b）互补色组合

图4-6　强烈组合配色服装

搭配比例这一基本原则，尽量减少较强或较突出的色彩的大面积使用，避免杂乱及压迫感。总而言之，色彩搭配一定要合理，遵循一定的艺术规律，以给人一种和谐、愉悦的感觉。

第二节　针织服装图案设计

随着针织行业的兴起，消费者逐渐开始注重针织服装的时尚度和美观度，图案作为一种装饰性极强的艺术表达形式，具备装饰性和实用性特点，它强调表现对象的意趣和美饰效果，经常对物象的形态进行变形、简化与美化处理。图案不能单独欣赏，必须依附于其他载体来体现，其对于现代针织服装设计也尤为重要。

一　针织服装图案构成形式

色彩图案在针织服装设计中是继款式造型、组织结构之后的第三个设计要素，对服装有着极大的装饰作用。针织服装的图案应用十分重要，是艺术性和实用性相结合的产物，它能起到强化、引导视线的作用，还能借助服装图案自身的色彩对比与形象造型产生一种"视差""视错"的错觉，以掩饰着装对象形体的某些缺憾或是弥补服装本身的不平衡、不完整，使着装者与服装更加和谐。

成型针织服装在造型方面局限性较大，但在色彩图案方面有较多发挥创意的空间，根据针织服装图案的构成形式可以划分为平面图案、半立体图案以及立体图案。平面图案是指在平面对象上设计、配置装饰纹样，需按照美的视觉效果从图案造型及色彩角度进行设计，如图4-7（a）所示。半立体图案虽然强调立体感，但并不会忽略服装的平面感，这类设计将图案造型和肌理组织结合完成整体设计，色彩起到辅助搭配作用，突出针织服装表面的肌理感，使服装图案质感更加丰富。半立体图案设计风格独特，具有一定的时尚感和创意感，如图4-7（b）所示。立体图案的特点在于服装图案不在同一空间，而是由一个或多个面打造出的具有三维空间感的服装图案，通过其他工艺手法制作完成后附加于成型针织服装上，此类服装图案更为生动且塑造性强，如图4-7（c）所示。

（a）平面图案　　　　　　　　（b）半立体图案　　　　　　　　（c）立体图案

图4-7　针织服装图案构成形式

二 针织服装图案主题

图案是针织服装极佳的设计元素，能很好地表达服装传递出的情绪价值，有着极强的象征意义，并具有一定的文化内涵和标志性作用。不同主题的图案适合不同类型的服装，服装图案主题需要与穿着者相适应，并且要体现穿着者的个性。

（一）条纹图案

条纹图案是针织服装图案设计的一大特色，具有丰富的节奏变化，通常被用于休闲装设计风格中。条纹图案可以从其宽窄、色彩变化角度及排序规律等方向进行设计，以丰富针织服装层次感。

条纹图案设计首先考虑条纹的宽度，粗条纹具有厚重感和迟缓性，而细条纹具有运动感和速度性。但在服装设计中，过宽的条纹具有扩张和膨胀感，过细的条纹则会显得杂乱，设计时需把握其节奏感与韵律感，将两者有效结合，才能表达出条纹的线条变化之美，如图4-8（a）所示为设计师克里斯托弗·约翰·罗杰斯（Christopher John Rogers）作品和图4-8（b）所示为伊利·罗素·林兹（Eli Russell Linnetz，ERL）品牌服装。

条纹的方向对视觉效果也会产生一定影响。例如，横条纹静止、平和，竖条纹给人以延伸感，斜条纹具有方向性和动感特征，曲线则有着优雅、柔软、和谐的审美意味，富有女性性格的情感特征，并且起到修饰人体体型的作用。条纹的排序规律至关重要，若有序排列的条纹与跳跃强烈的色彩组合在一起，可以体现富有朝气活力的青春感，如图4-8（c）所示为瓦内特（Vuarnet）品牌服装；与稳重、平缓的色彩组合在一起，则展现出沉稳内敛的成熟感。若进行无序排列，则能打破规律的构图形式，使针织服装更具个性化，如图4-8（d）所示为Jonathan Simkhai品牌服装。

（a）粗条纹　　　　　　　（b）细条纹　　　　　　　（c）有序排列　　　　　　　（d）无序排列

图4-8　条纹图案设计

（二）几何图案

几何图案以小比例的规则或不规则几何形组成，除造型外更多的装饰效果源于色彩的变化，给人的感觉是规则中不失跳跃。常见几何图案为格纹、菱形纹等，它们能为针织服装增添优雅精致的韵味，适用于商务及休闲服装风格，如图4-9（a）所示为Sacai品牌和图4-9（b）所示为大卫·卡塔兰（David Catalan）品牌服装。另外还有独具特色的波西米亚、欧普艺术风格以及民族图案等，可使服装设计风格丰富多样，更具感染力，如图4-9（c）所示为范思哲（Versace）品牌服装。

（a）格纹　　　　　　　　　　　（b）菱形纹　　　　　　　　　　　（c）立体几何纹

图4-9　几何图案设计

几何图案的工艺操作更为简单，且设计感与时尚感俱佳，开发生产力度较大。为丰富几何图案的表现形式，设计师们通常会将拼接、提花、镂空、刺绣、烫钻等设计手法和装饰工艺融入针织服装中，构造出精致繁复的肌理效果，使针织服装美观大方，更显高贵气质。

（三）花卉图案

花卉图案的造型随意性很高，是服装图案设计永恒的主题之一。花卉题材的图案设计风格多变，各种创新设计手法使其更具视觉艺术性和感染力，多用于女装设计中，花卉造型加上色彩的修饰表达出一种生机勃勃、青春靓丽的风格。花卉图案通常使用嵌花、提花以及植绒、拉绒纹理，打造出氛围感极强的视觉效果。

花卉图案分为写实花卉与写意花卉，色彩搭配可以艳丽，也可以清新淡雅，适合的服装风格比较广泛。写实花卉主要用写实的线条描绘，可以通过满版提花设计将花卉图案分布于针织服装上，为服装增添优雅气质，浪漫又富有诗意，如图4-10（a）所示为克里斯汀·万诺斯品牌服装。如果是独支花卉设计，则可用鲜亮的色彩与清冷的氛围感形成强烈对比，如图4-10（b）所示为Meryyll Rogge品牌服装。写意花卉可以是简约的剪影，或者通过抽象提取的质感、规则的几何变形进行设计，如图4-10（c）所示为普林格（Pringle of Scotland）品牌服装。

花卉图案还可与条纹或几何图案融合，使针织服装更具前卫时尚感，如图4-10（d）、图4-10（e）所示为克里斯汀·万诺斯品牌服装。或者利用方格点结合色彩中空间混合的方式表现花卉造型，虽不如写实花卉生动，但别具一番视觉艺术性，如图4-10（f）所示为AMI品牌服装。花卉图案若结合不同的工艺手法，所表现出的服装效果也不一样。常见的工艺有手工钩编、数码印花、刺绣装饰等。例如，成形针织结合钩编工艺，因其工艺特点，花卉图案造型多变、立体感强且极具灵活性，若结合手工刺绣也具有一定的独特性，如图4-11所示为路易威登（Louis Vuitton）和Staud品牌服装。

（a）满版提花设计　（b）独支花卉设计　（c）花卉剪影设计　　　（a）钩编工艺

（d）花卉与条纹　（e）花卉与几何形　（f）花卉与方格点　　　（b）刺绣工艺

图4-10　花卉图案设计　　　　　　　　图4-11　花卉图案表现工艺

（四）动物图案

动物图案一般都以完整形象出现，可从不同的角度观察动物的不同形态，并进行概括、总结或是变形设计，结合不同的表现方式最终呈现出各具特色的动物图案。动物图案在服装中适用对象较为有限，一般多用于休闲装或童装。

动物图案可以是设计完整形态的具象图案，或是线条勾勒出的抽象图案，也可以是平面或立体表现的动物局部形象，这一类的动物造型充满趣味性，如图4-12所示为索尼亚·里基尔（Sonia Rykiel）、

BRUSNIKA、让·夏尔·德卡斯泰尔巴雅克（Jean-Charles de Castelbajac）品牌服装。总体上看，动物图案设计偏于扁平化、卡通化，设计师利用卡通形态或动态的动物图案可给人童趣、贴近自然的真实感。

（a）具象动物图案　　　（b）抽象动物图案　　　（c）立体动物图案

图4-12　动物图案设计

（五）人物图案

人物图案在服装中经常见到，可以通过时尚的人物形象表达时代感。人物图案素材可分为全身人物、半身人物或局部人物表现，通常由写生与变形得来，对其进行抽象化或模糊状设计，如图4-13所示为设计师Zoe Champion作品及德赖斯·范诺顿品牌、Walter Van Beirendonck 品牌服装。这类题材可挑选一些较有特点的人物与动作作为设计对象，如影视剧、明星肖像和绘画人物等；在动作上，应注意选择动态突出或姿势优美的人物，如舞蹈动作、时装表演以及人体造型等，主要展现简洁、形象、生动的特点。

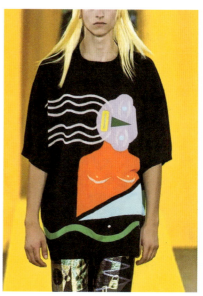

（a）全身人物图案　　　　　　（b）半身人物图案　　　　　　（c）抽象人物图案

图4-13　人物图案设计

（六）风景图案

风景图案从内容上看比较庞杂，如山石草木、车船建筑等都可纳入其表现范畴。在设计图案时，应既尊重自然法则和生活逻辑，又尊重美的心灵尺度。风景图案多出现在休闲装或展示性服装中，大多是经过高度提炼、归纳和重新组织的，可分为写意风景及写实风景。设计写意风景图案可以不用过于具象，主要考虑纱线性质，形成半立体图案，表现风景意境的同时为针织服装增添肌理感，如图4-14（a）所示为约瑟夫（Joseph）品牌服装；写实风景则通过色彩和具体物象表现出更为真实的风景面貌，如图4-14（b）所示为维多利亚·贝克汉姆（Victoria Beckham）品牌服装。

（a）写意风景图案　　　　（b）写实风景图案

图4-14　风景图案设计

（七）抽象图案

抽象图案具有形态单纯、简洁明了的特点，并富有某种规律性。抽象图案是将人物、动物、物品或者风景通过艺术化的处理方式得到变形扭曲的非具象图案，再将这些形态以醒目的色彩、放任的线条、不和谐的分割、歪扭的形状装饰于服装上，体现出一种轻松、洒脱的风格，再结合提花、浮纱等针织工艺手法，塑造出变幻的视觉效果，加强了针织服装个性和夸张的特点，如图4-15所示为约瑟夫品牌和贝瑟尼·威廉姆斯（BETHANY WILLIAMS）品牌服装。抽象化设计是当今服装设计师表达自我风格的常用设计手法，模糊抽象的纹理相较于具象图案而言，搭配性更强，穿着周期也更加长久。

图4-15　抽象图案设计

思考题

1. 简述色彩与图案在针织服装中的重要性，并思考怎样结合运用。

2. 针织服装色彩与图案的表现应如何与肌理组织相联系？

3. 阐述针织服装的色彩与图案在设计时应考虑哪些影响因素。

4. 举例说明一种服装图案和配色设计方法，并阐述其适用人群及服装款式特点。

第五章
针织服装造型设计

产教融合教程：成形针织服装设计与制作工艺

课题内容：

1.针织服装风格分类

2.针织服装廓型设计

3.针织服装款式设计

4.针织服装装饰设计

课题时间： 8课时

教学目标：

1.熟悉针织服装风格的分类及其艺术特征

2.熟悉了解针织服装廓型的分类与应用手法

3.熟悉针织服装款式设计方法及常用的针织服装装

饰手法

4.掌握对时尚前沿趋势分析的方式方法，并能运用

于原创设计中

教学方式： 任务驱动、线上线下结合、案例分析、

多媒体演示、启发式教学

实践任务： 课前预习本章内容（本课程线上资源），

收集针织服装风格特点及表现方法，并分析当季针

织服装的流行趋势，列举案例完成总结，并应用在

系列针织服装设计中。要求：

1.分析针织服装廓型、细部造型、装饰设计等趋

势，并作出总结

2.设计一系列针织服装款式，画出效果图

3.选择系列中一款服装完成制作，并对其进行装饰

设计

第一节 针织服装风格分类

服装风格是指服装外观样式与精神内涵相结合的总体表现，是服装所传达的内涵和感觉，能传达出服装总体特征，给人以视觉上的冲击和精神上的作用，其强烈的感染力正是服装灵魂所在，这些特征也成为辨识服装风格的标志性符号。不同的服装风格都可以在服装发展的历史中找到根源，它们或许来自一定历史时期的经典服装样式，或许来自相关艺术领域且具影响力的艺术流派。

随着工艺技术的快速进步，针织服装设计逐渐向艺术化和个性化的方向发展，在艺术审美性上有所创新和提高，以满足消费者的需求。针织服装风格受时尚潮流影响产生了潜移默化的变化，并对当今的时尚发展起到推波助澜的作用。了解掌握针织服装风格概念及其风格表现，研究分析不同时期服装风格的代表性特征，熟练掌握针织服装风格设计的方法与步骤，对于品牌针织服装设计规划有着积极的意义，也可为针织服装的设计表现提供一定的方向指引。

一、低调优雅风格

低调优雅风格针织服装在织物组织的选用和衣片造型的组合方面要求尽量合理。低调优雅风格的部分针织面料可以使用"斜裁"技法，主要是利用面料的倾斜裁出十分柔和的、适应女性体形的女装，强调服装流动的美感。而成形针织服装则通过改变织物组织方向达到斜裁效果，或是调整衣片形状使针织服装表现出流线感，如图5-1所示为Sacai品牌服装。

低调优雅风格服装不会使用纷杂的色彩搭配方案，所选配色较为单一，主要讲究特征元素的巧妙融合和服装色彩的合理搭配，整体服装简洁大方，给人以简约时尚、高品质之感。低调优雅风格虽然以简约作为主要特点，但纱线需保证一定的质感，以使女性温婉典雅的气质得到更好的体现。

二、欧普艺术风格

欧普艺术又被称为"光效应艺术"和"视幻艺术"，是利用人类视觉错视所绘制而成的绘画艺术，它不表现情感和思想，只探讨纯粹色彩和图形的视觉效果。欧普艺术多以抽象的几何图形、渐变的明暗和色彩的不同组合造成观赏者视觉上的错觉或幻觉效果，它利用复杂排列、对比、交错和重叠等手法营造各种形状和色彩的变幻，以及有节奏的或变化不定的活动感觉，给人以视觉错乱的印象。因此，欧普艺术影响下的服装设计，主要是在服装图案及色彩上表现欧普艺术的视觉画面效果，呈现出炫目的视觉效果，营造出如放射状态般的无限延伸的效果，如图5-2所示为米索尼（Missoni）品牌服装。

三、波普艺术风格

波普艺术风格是一种流行风格，通过塑造夸张的、视觉感强的、比现实生活更典型的形象来表达一种写实主义，波普艺术最主要的表现形式是图形，其特点主要在于自身具有灵活多变的特性，因此可以采用多种形式来表现针织服装设计的新颖性。波普艺术风格服装图案使用夸张的造型和艳丽活跃的色彩，形成独特的艺术特性，具有通俗化的艺术特征，为生活带来了趣味性。从设计上说，波普艺术风格不是一种单纯、一致性的风格，而是多种风格混合，强调新奇和独特，并大胆采用鲜艳的色彩，因此波普艺术风格服装图案题材多样、构成形式丰富，如将人物图像、日用品图像、艺术品图像等图案元素复制重组或者进行趣味拼贴，打造其风格特点，如图5-3所示为设计师 Zoe Champion 的设计作品。

图5-1　低调优雅风格　　　　　图5-2　欧普艺术风格　　　　　图5-3　波普艺术风格

四 \ 浪漫主义风格

　　浪漫主义强调具体的、具有特征的描绘和情感的传达，善于抒发对理想的热烈追求，常用瑰丽的想象和夸张的手法塑造形象，把主观、非理性、想象融为一体。浪漫主义风格则是将浪漫主义的艺术精神应用在服装设计中的风格，属于极度女性化的一种服装艺术风格。这种风格的服装善用柔和的线条，贴体且富有流动感，造型较为柔美。浪漫主义风格女装腰线处于自然位置，裙子呈"A"字形膨大化，领口重叠蕾丝边饰等，肩部向横宽方向扩张，或在袖根部使用部分装饰填充，色彩通常使用变化丰富的淡浅色调，以明快柔和的暖色系为基色。而针织面料外观上以轻柔、华美为基本条件，在服用性能上柔软、轻薄，通常结合蕾丝、流苏、毛边、蝴蝶结、网纱、珠绣、镶饰、刺绣等精美装饰，如图5-4所示为 Merci Madame 品牌服装。浪漫主义风格服装主要体现出女性化的柔美与细腻的特质，追求时尚与优雅、自然与舒适。

五 \ 极简主义风格

　　极简主义风格去繁就简，讲究舒适，在感官上简约整洁，在品位上体现优雅。设计时只保留服装最基本的特质，摒弃一切多余细节，如拉链和纽扣等元素。单一朴实的色彩是极简主义风格的体现，能使用一种颜色就不配其他色，通常以中性色为主色调，如常见的黑、白、灰，以及藏青、驼色、深棕色等，这类颜色大面积运用不会使人产生审美疲劳，反而能带来一种赏心悦目和简约感。面料方面则尽量减少加工，几乎不需要任何装饰，主要以针织服装面料质感为卖点，如图5-5所示为吉尔·桑达（Jil Sander）品牌服装。在款式造型上做减法，弱化人工因素，注重人体与服装廓型的协调关系，因此这类针织服装工艺的精准、细致显得尤为重要。

六 \ 运动风格

　　运动风格服装将时尚美观与舒适自由完美结合，服装款式时尚、多样，使服装兼具功能性与潮流性，极具时尚魅力。这类服装色彩鲜明，因此其色彩搭配设计至关重要，在色彩风格上主要突出青春、靓丽等特点，不仅采用高纯度或高明度色彩，也有暗色的黑色、灰色、褐色，或者使用拼接、撞色等个性化元素。运动风格的针织服装有极强的舒适性、透气性、柔软性以及弹性，日常穿搭或专业运动也不会受束缚，设计时应结合时尚潮流，如装饰条带、数字、异质面料镶拼等设计元素，带给人充满动感的鲜活之感，如图5-6所示。

图5-4　浪漫主义风格

图5-5　极简主义风格

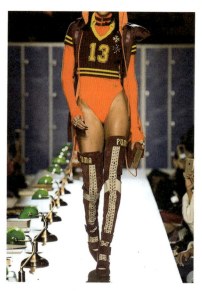

图5-6　运动风格

七 \ 民俗风格

　　特殊的地理环境往往构成特殊的文化环境，而历史文化的发展又受地理因素影响，服饰也在不同程度上保持了民族历史发展的地域性特征。因此，民俗风格就是借鉴世界各地各民族服饰特点，并显现出回归自然、绚丽多彩、多元化的服饰特征。

　　中国的民俗风格服装常常以具有东方特色的动物、植物等图案作为装饰，强调人与大自然的融合，服装色彩比较鲜艳，如图5-7所示为汤丽柏琦（ToryBurch）品牌服装就使用对比色进行配色，穿着效果出众。民俗风格服装通过结构、色彩及民族图案有机结合在一起，在继承传统风格的同时，构成内涵丰富、寓意深远、独具创新的民俗服饰文化。

八 \ 解构主义风格

解构主义风格是一种充满个性的服装风格，这类服装常常是反常规、反对称、反完整的，超脱服装已有的一切程式和秩序，通常以逆向思维进行服装设计构思。解构设计在服装中运用不同的手法或是不同的剪裁，对服装造型的基本构成元素进行破坏与重组，使服装结构有了新的变化，形成突出的外形结构特征，主要体现为上下、内外、前后的倒置以及错位，在形状、色彩、比例处理上极度自由，是一种随性的设计手法，如图5-8所示。这种设计手法打破了传统的设计思维，强调设计理念的多样性，引领着当今时尚潮流。

图5-7 民俗风格

图5-8 解构主义风格

九 \ 未来主义风格

未来主义风格是一种结合不同元素设计出的时尚且充满未来感的服装风格，呈现出一种新面貌，它通常采用反光、抽象图形或是数字印花等元素表达未来感，在满足审美性和功能性的同时加入新技术和新材料。

在未来主义的概念设计中，高科技是必不可少的元素，如图5-9所示是设计师Sandra Backlund的立体针织作品和设计师Johan Ku的发光针织作品，前者服装造型采用立体几何分割作为设计元素，后者结合了具有夜光效果的新新型纱线，使生产出的高科技面料未来感十足。未来主义风格针织服装向简洁、节约的设计方向发展，色彩上以银色、灰色、黑色、白色为主。这类风格服装与常规服装有较大区别，除廓型夸张外，内部细节也具有极强的特征，它可以增强服装的机能性，使未来主义的风格更为强烈。

图5-9 未来主义风格

第二节　针织服装廓型设计

服装给人的总体印象由服装外轮廓决定，廓型是服装被抽象化后的整体外形，是服装造型的根本，它进入视觉的速度与强度高于服装款式设计和装饰设计。廓型的设计不仅能展现服装的整体风格，也能反映服装流行的总体趋势。

一　针织服装廓型基本概念

服装廓型是指服装正面或侧面的外观轮廓线，是一种单一的色彩形态，即服装外轮廓的剪影效果，人眼在没有看清款式细节以前首先感觉到的就是外轮廓。服装廓型设计的四个关键部位分别为肩部、腰部、臀部以及服装底摆，而服装廓型的变化也主要是对这几个部位的强调或掩盖，通过对不同部位的强调和掩盖形成了各种不同的廓型。如图5-10所示，伊莎贝尔·玛兰（Isabel Marant）品牌和罗伯特·卡沃利（Roberto Cavalli）品牌等三款服装所示，则是通过对肩线的位置、宽度、形状变化对

图5-10 针织服装廓型

服装廓型产生影响，服装腰部也是廓型变化的重要部位，腰线松紧度的变化会型成束腰与松腰的区别。另外，服装底摆线同样是服装外轮廓改变的重点部位，其型状变化丰富，是服装流行标志之一。

二　针织服装廓型分类

服装廓型按照不同的分类方式可以分为几何型、物象型、字母型等，如用几何型表示，又可分为三角型、方型和圆型等；如用物象型表示，则可分为帐篷型、沙漏型、钟型、鱼尾型和喇叭型等；如用字母表示，也可分为H型、X型、S型、A型、O型、T型以及V型等。在这些分类中，以字母型的廓型最为常用，且涵盖广泛。

（一）H型

H型服装与字母H形态相似，即为长方型，具有修长、挺括、简洁的特点，所表现的是中性化的廓型。这类针织服装外型轮廓通过不收缩腰围，使肩宽、胸围、腰围和臀围在外型上基本上下一致，弱化了肩、腰、臀间的围度差异，以直筒状为主要特征，如图5-11所示为宝姿1961（Ports 1961）品牌服装和内莉·帕托（Nellie Partow）品牌服装。其平直的服装轮廓能掩饰腰部的臃肿感，给人以轻松、舒适、自由的感觉，穿着舒适利落，因而是男装、运动装、休闲装和家居服的常用廓型。

图5-11　H型廓型

（二）X型

X型以稍宽的肩部、紧收的腰部和自然放开的下摆为特征，使这类针织服装轮廓造型具有浪漫色彩，因此X型是最能体现女性优雅气质并充分塑造女性柔美线条与性感的服装廓型，具有柔和、优美的女性化风格，常用在女性化风格与复古经典风格的服装设计中。此类针织连衣裙均以宽肩、阔摆、收腰为基本特征，如果是半裙和裤子，也以上下肥大、中间收紧为特征。这种廓型既能体现女性的曲线美，也是自然美和夸张美的最佳结合，整体造型既优雅又不失活泼感，如图5-12所示为MilaOwen品牌服装。

（三）S型

S型服装以胸围和臀围适中、腰部收紧为特征，较X型而言女性味更为浓厚，它通过结构设计、面料特性等手段，达到体现女性S形曲线美的目的，展现女性特有的浪漫、柔和、典雅的魅力。S型是最适合表现女性人体的服装廓型，如图5-13所示。

（四）A型

A型廓型为正三角形，能够将人体的正常直线改变成上小下大的斜线，针织上衣、外套、连衣裙一般以肩部适体或裸肩，衣身不收腰、宽下摆，下装收腰、宽下摆为基本特征。衣长较短的A型针织衫给人活泼浪漫的感觉，而针织裙装或外套则显现出优雅高贵的气质。此类廓型主要强调下摆的宽大程度，表现出一种稳重端庄、文静的造型特点，如图5-14所示为TSE品牌服装。

图5-12　X型廓型

图5-13　S型廓型

图5-14　A型廓型

（五）O型

O型廓型整体呈现出O字形观感的廓型夸张腰部、收缩下摆，整个服装轮廓圆润平滑，没有明显的棱角。多用于创意装、休闲装的设计，充满轻松而时尚的气息。此类服装衣袖和衣身在腰围线上均没有进行收缩，廓型主要强调服装整体的宽大程度，赋予了服装一种休闲、随意的调性，如图5-15所示。

图5-15　O型廓型

（六）T型

T型通常以上半身的肩部量感为主要亮点。上衣、外套、连衣裙等以夸张肩部、收缩下摆为主要特征。上宽下窄的身体造型与男性体型相似，如图5-16所示的两款上衣，通过宽阔的肩部与纤细的下半身塑造中性帅气感。因此在设计中性风格或造型前卫的服装时常用到T型结构。

（七）V型

V型与T型较为相似，是以肩部较宽、下摆逐渐变窄为特征，从上至下形成V型。与优雅甜美的A型相反，其主要收缩修饰臀部，通过将毛衫外型轮廓边缘线延长，使整体外型夸张、更有力度，增强服装的挺拔感，同时也是能表现出阳刚风格的廓型，具有大方、洒脱的气概，如图5-17所示为路易威登品牌服装。

 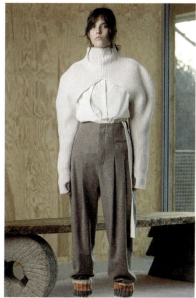 

图5-16　T型廓型　　　　　　　　　　　　　　　　　图5-17　V型廓型

三　针织服装廓型运用

当今服装流行趋势的更替以造型轮廓变换为主要特点，其规律可以是一种字母型或几何型，也可以在其基础上进行改变，还可以由多个字母型或几何型搭配组合。因此，服装廓型随设计师的灵感与创意以千姿百态的型式出现，每一种廓型都有各自的造型特征和风格倾向。

在服装廓型运用时可以根据某一类廓型设计服装，以已知的廓型作为基础，并不能限制设计思维的想象，因此能根据设计需求大胆构想服装的款式，在原有的基本廓型上进行一些小改变。如图5-18（a）所示为The Row品牌的连衣裙，设计时选择A型廓型为主要立足点对服装进行造型设计，将裙摆设计为开衩以便展现内部不同面料的半裙，增添了服装层次感。如图5-18（b）所示为玛尼（Marni）品牌的半裙紧腰阔摆，也属于A型廓型的基本特征，但在设计时又打破了基础型态，采用不对称设计给服装带来一些变化。

在运用廓型时应以人体为依据，进行空间、立体的塑造。虽然服装廓型数量是有限的，但款式数量是无限的，同一个廓型可以用无数种款式去充实。针织服装轮廓造型是人与服装共同构成的整体外型，也是服装造型的基础，它弱化了各个局部细节、具体结构，充分显示了服装的整体效果，对整体服装造型有着重要影响。

（a）连衣裙　　　　　　　　　　　　　　　（b）半裙

图5-18　A型廓型运用

第三节　针织服装款式设计

服装廓型与款式设计是服装造型设计的两大重要组成部分。服装廓型所反映的往往是服装总体形象的基本特征，因此完整服装形象构成还需要与服装款式配合。服装款式设计即服装内部结构设计，是服装构成的具体组合形式，也是服装细节部位造型设计。服装通常强调整体感，零部件在服装造型设计中最具变化性，表现力非常强，如结构线、装饰线、装饰点等服装组合体的局部细节也不容忽视，典型的局部细节是为了强化服装个性，以及设计思想与设计概念，使其兼具独有的设计原则和设计特点，起到画龙点睛的作用。在此类服装款式设计时还能添加一些时尚元素，丰富服装整体造型。

一　衣领设计

衣领由于非常接近人体的面部，处在视觉中心，所以领型设计是针织服装变化的重点部位，尤其对于外形轮廓简单的H型、O型等直身式或宽松式服装，衣领设计显得更为关键。衣领的款式、造型、风格受流行趋势等因素影响，变化范围十分广泛，从结构上大致可以分为挖领和添领两大类。

（一）挖领

挖领指在服装领圈部位直接挖出大小、形状不同的领窝，是最简单的领型，式样上更多地保持了服装的原始形态。针织服装衣领的造型变化由领口线决定，领口线多为圆形、V形、方形、船形、锯齿形、蛋形等，其造型简单直观、不拘一格，且具有穿着舒适、柔软的特点，给人以素雅、安静、轻便之感，是针织服装常用的一类款型，从美学观点出发，这类领型也能充分显示人体肩颈线条的美感，利于搭配颈饰。

圆领毛衫款式的基本风格是自然、简洁，属于传统的基本领型，对流行的导向作用不大，其发展具有一定的稳定性。圆领设计通常搭配宽松板型，展现出不受约束的个性，而结合独特的衣袖造型设计，可以加强服装的时尚感，如图5-19所示为THE KEIJI品牌服装。

V领毛衫在设计上趋于简洁、柔美，V领毛衫搭配衬衫领的款式也依然流行。当今V领在造型上出现新的组合设计，新颖别致，风格变化更加多样，如图5-20所示为Merci Madame品牌服装。

一字领的设计源于衣身条纹组织独特的横向分布，领口靠下，强调了整体新颖、独特的板型设计。一字领适用于各个季节，如图5-21所示，该领型能起到修饰肩膀和拉长颈部曲线的作用，可展现出女性知性优雅的一面。

图5-19　圆领造型　　　　　　　　图5-20　V领造型　　　　　　　　图5-21　一字领造型

（二）添领

添领是在衣服脖颈周围添置一条外加的领子，由领口和领面两部分构成，多用于针织外衣，展现出正规、庄重之感。常见针织服装的领型从结构上分为立领、翻领、摊领和连帽领。

针织服装的立领结构属直角结构，多为封闭宽松型，功能上强调防风保暖，外观上表现出轻松、随意的效果。按高度可分为中立领、高立领。立领造型庄重、大方，适于表现穿着者的优雅气质，自身风格比较突出，但其高度要求适中，因此在款式创新时会受到一定的限制，如图5-22所示。

翻领款式变化大致表现为领面宽窄变化、领子开口深浅变化、领口大小变化以及领了外口线变化等，主要依据翻领的结构原理进行选择，如图5-23所示。

摊领则是翻领的极限形式，造型特征是领片自然翻贴于肩部领口部位，给人舒展的视觉效果，如图5-24所示为Rachel Comey品牌服装。

图5-22　立领造型　　　　　图5-23　翻领造型　　　　　图5-24　摊领造型

不同领型具有不同的风格特点，设计时应将衣领风格与服装整体风格相统一，并结合运用织片结构变化和流行元素为服装增添设计感。例如，针织服装设计中的立体交缠效果是利用最基础的平针移圈等工艺完成的，通过交叉、扭结、搭叠织片等方式形成不同的视觉外观，打造有量感的时尚廓型，或是利用系带、捆绑、抽绳等常见设计元素，给服装注入新的生命力。领部造型设计的目的是追求功能性与审美性的完美结合，如图5-25所示。

图5-25　变化衣领造型

二、肩型设计

肩部造型设计对服装整体轮廓造型非常重要，羊毛衫肩型设计是其款式设计的重要内容之一。许多设计师将设计重点放在肩部，通过局部造型展现出丰富的整体造型，其他部位则通过与肩部不同形式的衔接形成各种风格和形态，其变化主要表现在肩斜和袖子的造型上。根据肩斜的角度可将基础肩型分为四类：平肩、斜肩、插肩和马鞍肩。平肩结构简单，外观随性，如图5-26（a）所示；斜肩符合人体结构造型，穿着舒适自然，如图5-26（b）所示；插肩对人体具有收缩效果，造型美观，如图5-26（c）所示；马鞍肩在视觉上有扩张效果，如图5-26（d）所示。由此可见，如果肩斜线具有扩张效果，那么运用于女装中则具男性化风格；如果肩斜线朝向窄小方向，则肩宽变窄，具有柔美效果。

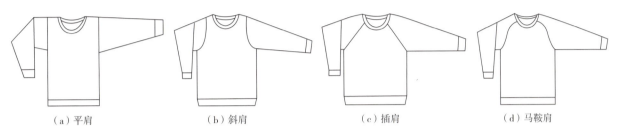

（a）平肩　　　　　　　　（b）斜肩　　　　　　　　（c）插肩　　　　　　　　（d）马鞍肩

图5-26　基础肩型

　　针织服装肩型除利用肩斜和肩宽进行设计以外，结合纱线柔软程度、织物组织形式及织片组成方式也可以对肩部造型产生一定影响。如图5-27所示，通过不同的组织结构对肩部起到了廓型扩张作用，从而形成T形造型。因此，设计时还需考虑组织结构和服装廓型及服装风格的整体统一。

（a）罗纹组织肩部　　　　　　　　（b）绞花组织肩部　　　　　　　　（c）荷叶边组织肩部

图5-27　创意肩型

三　衣袖设计

　　衣袖是一件衣服中的重要组件，在整个服装风格中占有特殊地位，且对服装外观以及人体运动舒适性有直接影响，须在合理化的前提下创造形式美感，使衣袖受时装款式造型影响产生各式各样的变化。

　　衣袖由袖山、袖长、袖口三个部分组成，根据袖长可分为长袖、中袖、短袖，按袖子造型又可划分为直筒型袖、锥型袖、喇叭袖、灯笼袖等，各具特色。

（一）羊腿袖

羊腿袖简约大方，袖部如羊腿一般，极具欧洲古典美。在强调衣身蓬松有型的同时，相对缩短上衣长度。潇洒复古的羊腿袖设计可增强女性整体气场，展现出率性与独立，如图5-28所示为范瑟丝（Versus）品牌服装。

（二）泡泡袖

泡泡袖肩膀比基本装袖更窄，袖山宽度较宽，编织时需加针于袖山部位，在肩部增加褶量，为给褶量留有纵向高度，袖山高度也需要增加。泡泡袖风格可以展现甜美之感，也能表现出现代女性强大、独立的一面，如图5-29所示为丝黛拉·麦卡妮（Stella McCartney）品牌服装。

（三）喇叭袖

喇叭袖的肩部与普通袖子没有区别，只是袖筒形状和喇叭非常相似，并且袖口呈现一种散开的状态，编织时须进行递增的加针处理。喇叭袖自带优雅之感，扩张的袖口能衬托手臂的纤细，如图5-30所示为Solace London品牌服装。

图5-28 羊腿袖　　　　　　　图5-29 泡泡袖　　　　　　　图5-30 喇叭袖

（四）灯笼袖

灯笼袖袖口为收缩设计，袖筒部分比较宽大，整体呈灯笼鼓起状，两头窄中间宽。纱线具有极好的柔软性和延展性，因此针织服装可以将灯笼袖的宽松释放于无形中，垂坠效果较强。灯笼袖设计适配度非常高，可以用在多种风格的服装中，如图5-31所示。

（五）立体造型袖

立体造型使袖身富有多变性与层次感，打造出流动的效果[如图5-32所示为莉雅莉萨（LIYA LISA）品牌服装]。例如，在袖身做花边设计，通过挺括的木耳边或是甜美荷叶边进行装饰，将女性柔美与个性独立融为一体，如图5-33所示为红·华伦天奴（Red Valentino）品牌服装。

袖口是较为常见的设计部位，对于针织服装而言，弹性、卷边性、脱散性等多种特性都可以成为设计过程中的灵感。袖口造型通过不同的设计手法可以分为荷叶边袖口、纽扣袖口、装饰袖口等。如图5-34（a）所示为结合开衩设计在视觉上获得拉伸手部比例的效果；如图5-34（b）所示为利用针织卷边性设计出木耳边效果，给服装增添了趣味性；如图5-34（c）、图5-34（d）所示在袖口处进行装饰处理，如串珠、云母片、缎带、束带等，营造出一种醒目的艺术效果，丰富了服装的材质与造型，使服装更加精致。丰富的衣袖造型对毛衫造型时尚化、立体化具有一定的作用。衣袖设计同样需结合服装风格进行，衣袖的造型要与衣身相协调，运用袖子的变化来烘托服装整体变化。

| 图5-31　灯笼袖 | 图5-32　立体造型袖 | 图5-33　花边立体造型袖 |

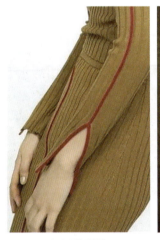   

（a）开衩设计　　　　　（b）卷边设计　　　　　（c）云母片串珠设计　　　　　（d）束带设计

图5-34　袖口造型设计

四　腰部设计

　　腰部作为人体重要的结构分界线，常成为设计师着重考究的细节部位。腰部设计是指针织服装外形轮廓和轮廓内线条的造型设计，有H型和X型两种基本形式。H型又称"直腰型"，腰部宽松，穿着舒适，多用于男装、女装及中老年毛衫产品中，如图5-35所示为TSE品牌服装。X型又称"收腰型"，符合女性的形体特征，能充分体现女性人体线条和体态的自然美，常被用于青年女性针织服装中，如图5-36所示为TSE品牌服装。

腰部造型可在基本腰型基础上添加流行元素，从而丰富整体设计感。众多元素中，绑带设计在当今服装上运用广泛，这类造型可以通过不同的系扎方式创作出迥异的腰部造型，赋予服装不同的风格与个性。可调整系扎绑带的上下位置，在视觉上改变穿着者的人体比例，或者通过扎系的松紧程度改变服装的宽松状态，如图5-37所示。由此可见，系扎绑带设计传达给人们的是一种随性不受约束的时尚态度。

图5-35　直腰型腰部设计　　　图5-36　收腰型腰部设计

镂空设计遵循少即是多的原则，以干净的结构线条重塑经典，让人赏心悦目。针织服装通过编织等技法塑造预想的疏密空洞，形成具有一定质感和肌理感的图案，既能使服装拥有层次感，还令穿着者肌肤若隐若现，如图5-38所示为纳西索·罗德里格斯（Narciso Rodriguez）品牌服装。因此，镂空元素创造了一种简约之美，用独特的视觉语言诠释了服装的整体风格，更为服装增添了一份神秘之感。

不对称设计经常被应用于服装腰部细节中，此设计手法能直接打破传统的造型结构。此外，还能在色彩、图案以及细节中添加不对称设计。不对称服装之美，在于焦点的转移，通过设计不对称部分，在视觉上产生突兀感，彰显独特的率性，增强服装趣味性，如图5-39所示为宝麦斯（Sportmax）品牌服装。

图5-37　绑带设计　　　　图5-38　镂空设计　　　　图5-39　不对称设计

五 ＼ 下摆设计

下摆造型同腰部设计一样不容忽视，都是在基础廓型上进行完善与变化，并且对整体造型比例和效果皆产生非常重要的影响。下摆造型根据服装造型分为扎结式、罗纹收口式、燕尾式、不对称式、开衩式、衣长落差式等，还可结合异形、加量设计、绑带等时尚元素增加设计感，如图5-40所示为Christopher Esber、Motohiro Tanji等设计师的作品。

图5-40　创意底摆设计

衣长落差设计即前后或左右摆长不一致，可在显示人体高挑身材的同时遮住较宽的胯骨，如图5-41所示在进行落差设计时添加流苏元素，打破了常规的服装廓型，给针织服装带来一些变化。

下摆开衩分割设计使服装简单而又不简约，以小细节展示不一样的风格，为服装增添层次感，恰当的开衩设计可以让单调的款式变得出挑。下摆的不对称开衩设计则使服装更具灵动性，打破了传统针织服装的沉闷感，如图5-42所示。

下摆边缘线设计是对传统板型进行新构造，通过各种特殊形状使整件服装在造型上具有设计感，给予了服装更多的想象空间，也给予了横平竖直的线条更多可能性。或者利用毛圈、浮线、加减针改变轮廓造型，即使是简单的色彩，这种肌理之美也让针织服装更加耐人寻味，如图5-43所示为PH5品牌服装。

图5-41　衣长落差设计　　　　　图5-42　下摆开衩设计　　　　　图5-43　下摆边缘线设计

第四节 针织服装装饰设计

当今社会，消费者已打破传统思想，针织服装不再以保暖性为主，外衣化、时装化才是其重要的设计内容。针织服装装饰设计可以理解为针织面料的二次造型设计，通过对面料二次造型进行创新，能有效地拓展设计方法，增强针织服装整体造型的视觉感染力。设计时要注重造型与装饰的高附加值相统一，还要时刻关注流行趋势，在遵循大方向的同时向个性化发展。

一 羊毛毡

羊毛毡由羊毛制作而成，属于非织造类面料。羊毛毡色彩丰富，可用于针织服装与其他面料的表面装饰，能够形成无缝连接、完美过渡。羊毛毡制作方法分为湿毡法和针毡法。湿毡法是现代手工制品较为流行的方法，常用于较大的毛毡制品，制品色彩渐变效果自然，同时能打造出丰富的服装图案，如图5-44（a）所示；针毡法则可以不断按照需求进行制作、修改，局部形态设计更容易掌控，图案边缘清晰，适用于小型立体物品，如图5-44（b）所示。

（a）湿毡法　　　　　　　（b）针毡法

图5-44 羊毛毡

二 刺绣装饰

精简的刺绣在近几年开始流行，便于现代都市生活、实穿性强的刺绣服饰备受欢迎。刺绣装饰根据不同的工艺手法分为贴布绣、珠片绣、线绣、手钩花四大类。

贴布绣也称"补花绣"，是一种将其他布料剪贴、绣缝在服装上的刺绣形式，装饰图案类型广泛，其沉稳别致的撞色搭配时尚款式成为装饰设计的新关注点，如图5-45（a）所示；珠片绣以空心珠子、珠管、闪光珠片等材料绣缀于服饰上，产生耀眼夺目的视觉效果，且具有一定的浪漫属性，能为服装增添美感和吸引力，如图5-45（b）所示；线绣是用彩色绒线在具有网眼的面料上绣制的一种手工艺品，不仅色彩丰富，而且针法繁多，绣品表现层次清晰，造型生动，装饰风格独特，如图5-45（c）所示；手钩花为手工立体花，将通过不同技法编织出的具有立体感的图案直接装饰于服装上，花样齐全、造型美观，具有极强的塑造性，给服装造型增添了空间感，如图5-45（d）所示。

| （a）贴布绣 | （b）珠片绣 | （c）线绣 | （d）手钩花 |

图5-45 刺绣装饰

三 钉珠装饰

钉珠装饰让针织服装更加丰富立体，栩栩如生。钉珠是一种常用装饰工艺，具有层次分明、立体感强的艺术特色，除单独装饰外，还可与其他工艺结合使用，更加体现出服装的华丽高贵和绚烂多姿。钉珠一般装饰于服装重要部位，如在领口、袖口、腰节、下摆等位置进行点缀，达到增强针织服装层次感、丰富图案内涵、消除工艺单调性的艺术效果。钉珠工艺根据材料和手法分为混合钉珠、串珠、珠饰以及烫石四大类，如图5-46所示。

混合钉珠材料各式各样，主要是珠子、珠片、管状珠等装饰物，此装饰通过专业的手工或机器缝合而成，细节更加具有高级感和定制感，能使一件普通的针织服装焕然一新，彰显高贵、优雅的女性之美。烫钻、烫石装饰针织服装，可增强基底图案的立体感，使针织服装更加绚丽多彩。

| （a）混合钉珠 | （b）串珠 |
| （c）珠饰 | （d）烫石 |

图5-46 钉珠装饰

四 绳编装饰

针织服装可通过不同材质编织出来的绳带进行装饰。采用网眼组织结构的同时，将不同质感的绳带穿过圆环进行缠绕或编织，既具有一定的收缩拉紧功能，又使服装产生褶皱的装饰效果，如图5-47、图5-48所示。关于绳编的装饰层出不穷，可以创造出特殊的纹样、质感和局部细节，能增添针织服装的层次感和韵律感。

五 立体织法

立体织法指具有3D肌理感的针法，其作为强劲的立体元素作用在纯朴的针织物中，凸起的设计感表面纹理展现出超现代感的外观，为毛衫整体带来科技时尚感，如图5-49所示。

六 拼接装饰

图5-47　丝带绳编装饰　　　图5-48　绒线绳编装饰

图5-49　立体织法

拼接装饰是剥离部分原有面料的形态，将不同重量、图案、结构的面料与针织面料进行粘连、拼贴，带来富有艺术气息的混搭拼接主题。不同结构性质和不同外观效果的面料合理拼接，既能使服装具有原有的实用功能，又兼顾了服装的装饰功能，异料拼接是现代针织服装设计中常见又具有良好效果的装饰手法，如图5-50所示。通过将针织与不同材质的面料进行拼接，达到设计灵巧、材质丰富的视觉感受，拼接时应注意减少色彩种类以保持设计的统一性，以此打造出千变万化的造型设计。

图5-50　拼接装饰

七 透孔镂空装饰

镂空工艺与留白手法具有一定的共性，镂空就是服装设计中的留白效果。针织服装及针织面料在编织时通过不同技法形成预想的疏密空洞，或是形成具有一定质感和肌理感的图案，如图5-51（a）所示。透孔镂空织物有着女性化的外观，可以使穿着者展现更加柔美性感的一面，而简约的钩编镂空和穿孔针织服装能让外观保持现代感,如图5-51(b)所示。

利用流行元素作为装饰点的涉及面较广,除以上装饰手法外还可通过纽扣、拉链、蝴蝶结、荷叶边等元素对服装进行装饰。例如,纽扣可以将功能性和装饰性有机结合;将拉链用于针织类软性材料服装中,具有很强的装饰感;用荷叶边体现灵动和浪漫的特征,装饰效果具有较强的立体感;金属装饰辅料可以营造硬朗的现代效果,为针织服装带来一丝别样的活力。

(a)

(b)

图5-51 透孔镂空装饰

思考题

1.能够体现女性美造型的服装廓型及装饰设计有哪些?

2.中性化服装廓型有哪些?具有何种特点?

3.针织服装的肩部造型可以使用哪些方式进行设计?

4.适于正式场合穿着的针织服装应具备哪些特点?

5.针织服装下摆可以使用哪些设计手法进行款式创新?

6.举例说明一种具体的加法型装饰设计手法,并阐述其装饰设计与针织服装的结合运用。

7.阐述针织服装廓设计、款式设计装饰设计需怎样结合运用。

第六章
成形针织服装规格与结构设计

产教融合教程：成形针织服装设计与制作工艺

课题内容：

1. 规格设计技术准备

2. 成形针织服装规格设计

3. 成形针织服装结构设计

课题时间： 6课时

教学目标：

1. 掌握人体与成形针织服装的测量部位与方法

2. 掌握成形针织服装规格设计依据与结构设计原则

3. 熟悉成形针织服装常用规格尺寸

4. 能对常见成形针织服装结构进行分解

教学方式： 任务驱动、线上线下结合、现场演示、小组讨论

实践任务： 任选一人体进行人体测量，选择该人体合适的针织服装，测量其各部位尺寸，并对该服装结构分解。要求：

1. 测量人体细部尺寸，列出人体细部尺寸表

2. 测量成形针织服装，列出服装细部规格尺寸表

3. 根据该服装款式风格，阐述该服装尺寸与人体尺寸之间的关系

4. 画出该服装的平面结构图与结构分解图

第一节　规格设计技术准备

一、人体测量

人体尺寸测量是成形针织服装规格与结构设计的基础，为了使生产的服装更能适应人体需求，必须对人体的比例、体型、构造和形态等进行定性研究。此外，还应把人体各部位的特征数字化，用精确的数据定量表达。

（一）人体测量基本要求

（1）测量净尺寸：为了确保数据的准确性，被测者只着内衣测量。测量时需掌握量体的松紧度，不宜太松或太紧。要注意观察被测者的体型特征，特殊体征需要记录并增加此部位测量数值。

（2）采用定点测量：由于人体具有复杂的形态，找到正确的人体测定点和基准线是获得正确量体尺寸的基本保证。测定点一般选择骨骼的端点、突出点和肌肉的沟槽等明显、固定、易测及不会因时间、生理的变化而改变的部位。

（3）被测者姿势正确：测量时被测者应采用正确立姿或坐姿。正确立姿要求被测者挺胸直立，平视前方，肩部放松，上肢自然下垂，手伸直并轻贴躯干，左右脚跟并拢，足尖分开呈45°夹角；正确坐姿要求被测者挺胸坐在高度适合的座椅上，平视前方，大腿基本与地面平行，膝盖呈直角，脚平放在地面上，手轻放在大腿上。

（4）采用法定计量单位：测量者量体所得尺寸数据一般以厘米（cm）为单位，以确保标准单位的规范统一。

（二）人体测量基准点

了解人体与服装之间的关系，熟知人体基准点的准确位置，是进行成形针织服装规格与结构设计的前提。如图6-1所示为人体测量基准点示意图，各部位具体位置及特征如下。

①头顶点：头部保持水平时，头部中央最高点。是测量头高、身高的基准点。

②眉间点：头部正中矢状面上眉毛之间的中心点。是测量头围的基准点。

③颈后点（BNP）：第七颈椎突点。颈部向前弯曲时该骨骼点突显，是测量背长的基准点。

④颈侧点（SNP）：颈部斜方肌的前端与肩交点处，是测量腰长、胸高的基准点。

⑤颈前点（FNP）：连接左右锁骨的直线与正中矢状面的交点，是测量颈根围的基准点。

⑥肩点（SP）：肩胛骨上缘最外的突出点，从侧面观察位于上臂正中央与肩交界处，是测量肩宽、臂长的基准点。

⑦腋前点：手臂自然下垂时，手臂与躯干部位在腋前的交点，是测量胸宽的基准点。

⑧腋后点：手臂自然下垂时，手臂与躯干部位在腋后的交点，是测量背宽的基准点。

⑨胸高点（BP）：乳房的最高点，是测量胸围的基准点，也是服装结构中最重要的基准点之一。

⑩肘点：尺骨上端外侧的突出点。前臂弯曲时该骨骼点突显，是测量上臂长的基准点。

⑪ 手腕点：尺骨下端外侧突出点，是测量臂长的基准点。

⑫ 肠棘点：骨盆上前髂骨棘处，即仰面躺下可触摸到的骨盆最突出的点。

⑬ 臀突点：臀部最突出的点，是测量臀围的基准点。

⑭ 大转子点：股骨大转子最高的点，是人体侧部最宽的部位。

⑮ 膝盖骨中点：膝盖骨的中点，是测量膝长的基准点。

⑯ 外踝点：腓骨外侧最下端的突出点。

⑰ 会阴点（CR）：左、右坐骨结节最下端点的连线与正中矢状面的交点。是测量股上长、股下长的基准点。

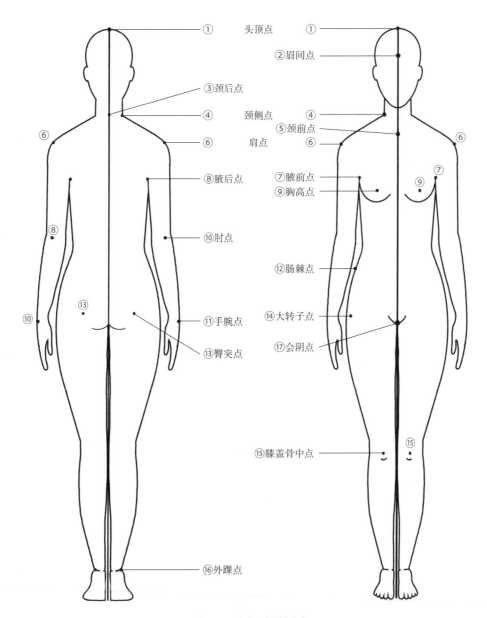

图6-1　人体测量基准点

（三）人体测量部位和方法

根据测量部位的不同，人体测量可概括为围度测量、长度测量和高度测量。围度测量一般是测量点的水平距离，测量时需将内衣所占厚度减掉；长度测量一般随人体曲线起伏，其数值是相关测量点间距的总和；高度测量一般是测量点之间的垂直距离。测量方法主要有普通测量法、摄影法和三维数学测量法，但都必须以人体的基准点或基准线为依据。

1.围度测量

①颈根围：经过颈后点（BNP）、颈侧点（SNP）和颈前点（FNP）一周的长度，是领口合体度的参考依据。

②臂根围：经过肩点（SP）、腋前点和腋后点一周的长度，是袖窿、袖山合体度的参考依据。

③胸围（BL）：经过胸高点（BP）沿人体水平围量一周的长度，是上衣围度的参考依据。

④腰围（WL）：经过脐部中心水平围量一周的长度，是下装纸样的重要尺寸。

⑤臀围（HL）：经过臀部最丰满处水平围量一周的长度，是下装纸样围度的制图依据。

⑥膝围：经过膝盖骨中点水平围量一周的长度，是紧身裤和七分裤等在膝盖处的合体度和运动量的基本参考尺寸。

⑦脚踝围：经过外踝点水平围量一周的长度。是紧身裤裤口制图的参考尺寸，也是一般裤型裤口放松度的参考依据。

2.长度、高度测量

①身高：人体立姿时从头顶点垂直向下量至地面的长度，是服装号型的长度标准。

②腰节长：从颈侧点通过胸高点量至腰围线的长度，可作为衣片长度的参考尺寸。

③乳位高：从颈侧点向下量至胸围线的长度。

④腰围高：从腰围线中央垂直到地面的长度，是裤长设计的依据。

⑤臀高：从腰围线向下量至臀部最丰满处的长度，可作为下装臀围线位置的参考依据。

⑥膝长：从腰围线向下量至膝围线的长度，是五分裤裤长设计的依据。

⑦臂长：从肩点顺手臂向下量至手腕点的距离，可作为袖长的参考尺寸。

⑧上臂长：从肩点顺手臂向下量至肘点的距离，是五分袖袖长设计的依据。

二 成形针织服装测量

不同的成形针织服装品类的服装各部位测量方法有差异，测量时一般要求将被测量服装平整摊开放置于水平光洁的台面上，并使其不受任何张力。以女装套头衫为例，说明该品类针织服装测量方法，其平面款式图及尺寸标注如图6-2所示。

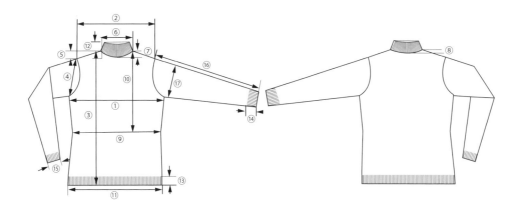

图6-2　女装套头衫的平面款式图及尺寸标注

①胸宽：指1/2胸围，又称"胸阔"。一般默认于两侧腋前点向下2.5cm处的侧边至侧边水平测量，简称为"腋下2.5cm度"。

②肩宽：又称"肩阔"，指左、右外肩点之间的距离，简称"线至线度"或"边至边度"。

③衣长：又称"衫长""身长"，指内肩缝合点垂直于胸围线量到下摆底边的长度，简称"领边度"。

④挂肩：又称"夹阔""袖窿""夹圈"，其测量方法有多种：第一种，从外肩点到腋点直量，简称"夹阔直度"或"夹阔斜度"；第二种，从外肩点沿着袖窿边到腋下沿缝合线测量，简称"夹阔沿线度"；第三种，从内肩缝合点垂直到腋下水平位测量，简称"夹阔垂直度"；第四种，从后领水平边中心点至腋下垂直测量，简称"后中水平垂直度"，如无特殊说明，一般默认为夹阔直度。

⑤肩斜：又称"膊斜"，由领颈缝合线点至肩袖缝合线点垂直测量，简称"领边度"。

⑥领宽：又称"领阔"，一般指两个内肩缝合线点的宽度，简称"线至线度"，也可领阔内量，是在领颈最高点内里量，简称"领阔内度"。通常默认测量方法为线至线度。

⑦前领深：指前片领的深度。测量方法有多种，如水平至顶、顶至顶、线至线等，一般为水平至线量，即从领宽中点垂直于两个内肩缝合线点的连线量至前片开领缝合线位置。

⑧后领深：指后片领的深度。同前领深一样，其测量方法有多种，一般为水平至线量，即从领宽中点垂直于两个内肩缝合线点的连线量至后片开领缝合线位置。

⑨腰宽：指1/2腰围，又称"腰阔"，由侧边至侧边水平测量，简称"边至边度"。

⑩腰高：又称"腰位""腰距"。由内肩缝合线点垂直量到腰线的距离，为领边至腰直位中量。

⑪下摆宽：指1/2脚阔，又称"下脚阔"。通常为下摆罗纹底边侧边到侧边量，也可在下摆罗纹中间高度位置侧边至侧边量。

⑫领贴高：领罗纹的高度。

⑬下摆高：又称"衫脚高""脚高"，即下摆罗纹的高度，由下摆边至大身交界线垂直测量。

⑭袖口高：又称"袖嘴高"，即袖口罗纹的高度，由袖口边至袖身交界线垂直测量。

⑮袖口宽：又称"袖口阔""袖嘴阔"，即袖口边的宽度，由袖口至边测量。

⑯袖长：袖型不同相应的量法也不同。常规袖型，通常测量外肩点至袖口底边的长度，简称"袖长膊

边度"；也可测量从后领中点经外肩点至袖口底边的长度，简称"后中三点度"。插肩袖型和马鞍肩型，通常测量领边缝合线至袖口边的长度，简称袖长领边度；也可测量后领中位至袖口边的直线距离，简称"后中两点度"。

⑰袖肥：又称"袖宽""袖阔"。于腋下2.5cm处垂直于外侧袖缝测量袖子的宽度。

三 \ 服装号型

（一）服装号型的概念

服装号型是根据正常人体型选出的最有代表性的部位并结合群体测量实践经验而合理归并设置的人体净体尺寸。"号"是指以厘米数表示的人体身高，是设计和选购服装长度的依据。"型"是指以厘米数表示人体的胸围或腰围，是服装肥瘦设计和选购的依据。

（二）服装号型的构成

《中华人民共和国国家标准　服装号型》（GB/T 1335.1—2008、GB/T 1335.2—2008）中以人体的胸围与腰围的差数为依据，将人体体型分为四类：Y、A、B和C。男女体型分类代号及净体胸腰差范围见表6-1。

表6-1　男女体型分类代号及净体胸腰差范围　　　　　　　单位：cm

性别	体型	净体胸腰差	性别	体型	净体胸腰差
男	Y	22 ~ 17	女	Y	24 ~ 19
	A	16 ~ 12		A	18 ~ 14
	B	11 ~ 7		B	13 ~ 9
	C	6 ~ 2		C	8 ~ 4

以各体型的中间体为中心，向两边依次递增或递减构成服装号型系列。男女各体型的中间体号型见表6-2。

表6-2　男女各体型的中间体号型　　　　　　　单位：cm

体型分类代号			Y	A	B	C
中间体号型	男子	上装	170/88	170/88	170/92	170/96
		下装	170/70	170/74	170/84	170/92
	女子	上装	160/84	160/84	160/88	160/88
		下装	160/64	160/68	160/78	160/82

在服装号型标准中，服装上装、下装要分别标明号型，套装运用时号与体型分类代号必须一致。号型的表示方法是号与型之间用斜线分开，后接体型分类代号。如上装170/88A，170代表号，88代表型，A为体型分类代号；下装170/74A，170代表号，74代表型，A为体型分类代号。

（三）服装号型的分档

成年男子和女子身高以5cm分档，胸围以4cm分档，腰围以4cm、2cm分档。将身高与胸围或腰围的4cm档差搭配即组成5·4号型系列，将身高与腰围的2cm档差搭配即组成5·2号型系列（参照GB/T 1335.1—2008、GB/T 1335.2—2008）。身高在52~80cm的婴儿，身高以7cm分档，胸围以4cm分档，腰围以3cm分档，将身高分别与胸围或腰围的档差搭配，可组成7·4号型系列和7·3号型系列（参照GB/T 1335.3—2009）；身高在80~130cm的儿童，身高以10cm分档，胸围以4cm分档，腰围以3cm分档，将身高分别与胸围或腰围的档差搭配，可组成10·4号型系列和10·3号型系列（参照GB/T 1335.3—2009）；身高在135~155cm女童和135~160cm男童，身高以5cm分档，胸围以4cm分档，腰围以3cm分档，将身高分别与胸围或腰围的档差搭配，可组成号型系列5·4和5·3号型系列（参照GB/T 1335.3—2009）。

（四）服装号型的配置

为满足生产与市场销售的需求，需要根据选定的号型系列编制服装规格系列表。一般规格系列设计能满足某一体型90%以上人群的需要，但在实际生产和销售中，受客观因素的影响，往往不能或者不必全部完成规格系列表中的规格配置，而是选择其中的一部分规格进行生产或选择所需要的号型配置。一般有以下配置方式。

（1）号与型同步配置：如160/80、165/84、170/88、175/92、180/96。

（2）一号与多型配置：如170/80、170/84、170/88、170/92、170/96。

（3）多号与一型配置：如160/88、165/88、170/88、175/88、180/88。

第二节　成形针织服装规格设计

服装的规格设计即服装成品各部位尺寸的制定，它是针织服装设计与生产的重要组成部分。成衣规格尺寸是企业对内进行产品设计、生产检验尺寸是否符合要求，对外进行产品验收的标准。成形针织服装的生产方式一般分小规模量身定制与大规模商品化两种，量身定制的针织服装规格仅对个体特征与细部尺寸进行设计，商品化针织服装的规格设计需要考虑大众的规格尺寸。

一　针织服装规格

针织服装规格是根据人体号型与服装款式制定的，是计算编织工艺的重要依据之一。号型测量的是人体净体尺寸，规格测量的是服装成品或细部的尺寸。工业化生产的针织外衣规格主要运用国家号型标准来设计，其次是客供标准，即由客户提供规格尺寸和款式图。

（一）示明规格

示明规格是在成衣上标明的具体尺寸，用以表示成形针织服装的大小以及适穿对象的体型。如女式上装的规格为165/88A，表示此款服装的适穿者身高为163~167cm，净胸围为86~89cm，胸腰差为

14～18cm。成形针织服装通常采用胸围制和代号制来表示示明规格。

（1）胸围制。我国毛衫的规格以胸围尺寸作为标志，单位为厘米（cm），每5cm为一档。男士成人毛衫的规格一般为80～120cm，女士成人毛衫的规格一般为80～110cm，儿童毛衫的规格为45～75cm，大版毛衫的规格为125cm。欧美国家销售的毛衫单位为英寸，每2英寸为一档，如30英寸、32英寸、34英寸、36英寸、38英寸、40英寸、42英寸、44英寸等。

（2）代号制。有的国家习惯用数字或字母表示示明规格。用数字表示时，儿童规格为2、4、6，少年规格为8、10、12，成人规格为14及以上；用字母表示时，分为S、M、L、XL等，分别代表小号、中号、大号、特大号，童装用2X、3X、4X或2T、3T、4T等代号表示。

成形针织服装中裤、裙类产品除使用衫类的胸围制相对应的示明规格外，也用小、中、大、特大等表示，围巾产品用标准长、长、中长、加长等表示，均以厘米为单位。

（二）成品规格

成品规格是成形针织服装主要部位的尺寸，是服装检验的依据。成品规格的主要部位因品种、款式的不同而有所差异，通常上装有衣长、袖长、胸围、领宽、领深、肩宽等；下装有裤长、直裆长、腰围等。

（三）细部规格

细部规格是成形针织服装主要部位以外的各较小部位的成品尺寸，根据服装款式及主要部位的成品规格计算或推导出来，并配合或从属于服装款式及主要规格尺寸，如袖山高、袖肥、肩斜等。细部规格虽不是服装主要部位的尺寸，但其对服装的总体规格起着协调的作用，也影响着服装的款型风格及舒适度。

成品规格和细部规格决定了服装的大小和造型，以及拼接部位的范围及衔接位置，同时也是成形针织服装板型和上机工艺参数计算的主要依据。

二　针织服装规格设计依据

制约服装机能的因素有很多，除人体静态和动态尺寸之外，为了提高服装与人体结合的"合适度"，还需考虑服装本身与人体各生理因素的关系。

（一）服装围度设计依据

对服装穿着效果和舒适性影响最大的围度是胸围、腰围、臀围（合称"三围"），此外还有掌围、足围。服装围度一般应不小于人体各部位实际围度与基本松量、运动松量之和。实际围度一般指净体尺寸（以穿紧身内衣测量为准）；基本松量是考虑构成人体组织弹性及呼吸所需的量而设计的尺寸；运动松量是为有利于人体的正常活动而加放的尺寸。

胸围：胸围加松度一般是上衣胸部尺寸的最小极限，因为胸部是人体体块而不是连接点，不涉及运动松量。腰围：设计连衣裙、套装、外套等在腰部连通的服装时，由于此类服装上下部分在腰间成整体结构，一般腰部松量要大于或等于胸部松量，腰围加基本松量和运动松量一般是腰部尺寸的最小极限；设计裤子、半截裙等下装时，腰部围度只需考虑腰围和少量的基本松量，不需考虑运动松量。臀围：臀围加松量和运松量是臀部尺寸的最小极限，因为臀部的运动往往表现为服装长度的增加，所以臀围的设计依据一般为臀围加基本松量。

从上述三围放松量的比较可以发现，由于造型的原因，胸围和臀围的放松量都小于腰围，换言之，胸围和臀围放松量的设定强调其造型，腰围则注重其功能。

掌围和足围都是以加上各自的基本松量为最小极限。掌围加基本松量是袖口、袋口尺寸设计的参数，足围加基本松量是裤口尺寸设计的参数。

由于不同纱线成分、不同组织结构的成形针织服装在弹性和延伸性上有很大差异，在由人体体型尺寸制定服装规格时，尺寸放松量应比机织服装小一些，且应结合纱线及结构性能特点来合理设置。毛衫类针织服装围度松量加放大小为男装胸围加放0～12cm、女装胸围加放0～15cm、童装胸围加放0～8cm，男装腰围加放0～5cm、女装腰围加放0～6cm、童装腰围加放0～4cm，男装臀围加放0～8cm、女装臀围加放0～12cm、童装臀围加放0～6cm。

（二）服装长度设计依据

服装长度主要有衣长、袖长、裤长和裙长等，长度设计须考虑服装种类、流行因素及人体活动作用点的适应范围等因素。在进行服装的长度设计时，还需要设法避开运动关键点，特别是运动幅度较大的连接点，如膝部、肘部、肩部等，以减少人体与服装的不良接触。

三　成形针织服装规格设计原则

（一）中间体不能变

标准中已确定男女各类体型的中间体数值，不能自行更改。

（二）号型系列和分档数不能变

标准中规定男女服装的号型系列是5·4系列、5·2系列，号型系列一经确定，服装各部位的分档数值也就相应确定，不可任意更改。

（三）控制部位数值不能变

控制部位数值是人体主要部位的净体尺寸，是通过大量实测的人体数据计算得出的，反映人体数据的平均水平，是规格确定的主要依据。男子5·4系列、5·2A系列控制部位数值如表6-3所示，女子5·4系列、5·2A系列控制部位数值如表6-4所示，其他体型参见GB/T 1335—2008中的附录B。

（四）放松量可变

放松量可以根据服装款式、品种及纱线性能、组织结构、穿着习惯和流行趋势等进行变化。

表6-3 男子5·4系列、5·2A系列控制部位数值　　单位：cm

部位	数值							
身高	155	160	165	170	175	180	185	190
颈椎点高	133.0	137.0	141.0	145.0	149.0	153.0	157.0	161.0
坐姿颈椎点高	60.5	62.5	64.5	66.5	68.5	70.5	72.5	74.5
全臂长	51.0	52.5	54.0	55.5	57.0	58.5	60.0	61.5
腰围高	93.5	96.5	99.5	102.5	105.5	108.5	111.5	114.5

部位	数值								
胸围	72	76	80	84	88	92	96	100	104
颈围	32.8	33.8	34.8	35.8	36.8	37.8	38.8	39.8	40.8
总肩宽	38.8	40.0	41.2	42.4	43.6	44.8	46	47.2	48.4

胸围	72			76			80			84			88			92			96			100			104		
腰围	56	58	60	60	62	64	64	66	68	68	70	72	72	74	76	76	78	80	80	82	84	84	86	88	88	90	92
臀围	75.6	77.2	78.8	78.8	80.4	82.0	82.0	83.6	85.2	85.2	86.8	88.4	88.4	90.0	91.6	91.6	93.2	94.8	94.8	96.4	98.0	98.0	99.6	101.2	101.2	102.8	104.4

表6-4 女子5·4系列、5·2A系列控制部位数值　　单位：cm

部位	数值						
身高	145	150	155	160	165	170	175
颈椎点高	124.0	128.0	132.0	136.0	140.0	144.0	148.0
坐姿颈椎点高	56.5	58.5	60.5	62.5	64.5	66.5	68.5
全臂长	46.0	47.5	49.0	50.5	52.0	53.5	55.0
腰围高	89.0	92.0	95.0	98.0	101.0	104.0	107.0

部位	数值						
胸围	72	76	80	84	88	92	96
颈围	31.2	32.0	32.8	33.6	34.4	35.2	36.0
总肩宽	36.4	37.4	38.4	39.4	40.4	41.4	42.4

胸围	72			76			80			84			88			92			96		
腰围	54	56	58	58	60	62	62	64	66	66	68	70	70	72	74	74	76	78	78	80	82
臀围	77.4	79.2	81.0	81.0	82.8	84.6	84.6	86.4	88.2	88.2	90.0	91.8	91.8	93.6	95.4	95.4	97.2	99.0	99.0	100.8	102.6

四、成形针织服装规格系列设计方法

（一）确定系列和体型分类

如上衣类选择5·4系列，下装类选择5·4系列或5·2系列。体型分类的目的主要是使上装、下装配套。针织服装多为宽松型，故成人服装多采用A型。

（二）确定号型设置

根据目标客群的体型比例确定号型范围，画出规格系列表。

（三）确定中间体规格

根据中间体的控制部位数据，结合款式和服装的造型，加上不同的放松量，确定中间体各部位的规格尺寸。基于成形针织服装原材料纱线及组织结构的特点，规格设计要充分考虑各围度的放松量设计与分配，以及围度的增减对成品长度尺寸的影响。

（四）组成规格系列

以中间体为中心，按各部位档差依次递增或递减组成规格系列。在从服装号型转换成服装规格后，服装号型各系列分档数值在服装上理解如下。

（1）男子：当身高增长5cm时，衣长增长2cm，袖长增长1.5cm，裤长增长3cm；当胸围增大4cm时，领围增长1cm，肩宽增加1.2cm；当腰围增大4cm时，Y、A体型臀围增大3.2cm，B、C体型臀围增大2.8cm。

（2）女子：当身高增长5cm时，衣长增长2cm，袖长增长1.5cm，裤长增长3cm；当胸围增大4cm时，领围增长0.8cm，肩宽增加1cm；当腰围增大4cm时，Y、A体型臀围增大3.6cm，B、C体型臀围增大3.2cm。

五、成形针织服装常用规格尺寸表

表6-5～表6-10为某毛织企业常用的毛衫规格尺寸表（含测量方法及位置），在进行成形针织服装规格设计时可作为参考。

表6-5　女装圆领套头弯夹长袖衫规格尺寸（全件单边）　　　　　　单位：cm

部位及量法	规格						
	80	85	90	95	100	105	110
胸围（腋下2.5cm度）	40	42.5	45	47.5	50	52.5	55
肩宽（边至边度）	33	34	35	36	37	38	39
衣长（领边度）	57	58	59	60	60	61	61
挂肩（夹阔直度）	17.5	18.5	19.5	20.5	21	21.5	22
肩斜（领边度）	2	2	2	2	2	2	2

续表

部位及量法	规格						
	80	85	90	95	100	105	110
领宽（线至线度）	18	19	20	20.5	21	21.5	22
前领深（水平至线度）	9	9.5	10	10.5	10.5	11	11
后领深（水平至线度）	2	2	2	2	2.5	2.5	2.5
腰宽（边至边度）	36	38.5	41	43.5	46	48.5	51
腰高（领边下度）	35	35.5	36	36.5	36.5	37	37
下摆宽（下摆边至边度）	39	41.5	44	46.5	49	51.5	54
领贴高（领边至缝合线度）	2	2	2	2	2	2	2
下摆高（下摆边至大身交界线度）	2	2	2	2	2	2	2
袖口高（袖口边至袖身交界线度）	2	2	2	2	2	2	2
袖口宽（袖口边至边）	9	9.5	10	10.5	10.5	11	11
袖长（膊边度）	53	54	55	56	56.5	57	57.5
袖肥（腋下 2.5cm 度）	12.5	13.5	14.5	15.5	16	16.5	17

表6-6　女装V领开衫弯夹长袖衫规格尺寸（全件单边）　　　　　　　　　　单位：cm

部位及量法	规格						
	80	85	90	95	100	105	110
胸围（腋下 2.5cm 度）	42	44.5	47	49.5	52	54.5	57
肩宽（边至边度）	34	35	36	37	38	39	40
衣长（领边度）	58	59	60	61	61	62	62
挂肩（直度）	18.5	19.5	20.5	21.5	22	22.5	23
肩斜（领边度）	2	2	2	2	2	2	2
领宽（线至线度）	17	18	19	19.5	20	20.5	21
前领深（水平至线度）	16	17	18	18.5	19	19.5	20
后领深（水平至线度）	2	2	2	2	2.5	2.5	2.5
下摆宽（下摆边至边度）	39	41.5	44	46.5	49	51.5	54
领贴高（领边至缝合线度）	2	2	2	2	2	2	2
下摆高（下摆边至大身交界线度）	6	6	6	6	6	6	6
袖口高（袖口边至袖身交界线度）	6	6	6	6	6	6	6
袖口宽（袖口边至边）	8	8.5	9	9.5	10	10.5	11
袖长（膊边度）	53	54	55	56	56.5	57	57.5
袖肥（腋下 2.5cm 度）	13.5	14.5	15.5	16.5	17	17.5	18

表6-7　女装Ｖ领插肩套头长袖衫规格尺寸（全件单边）　　　　单位：cm

部位及量法	规格						
	80	85	90	95	100	105	110
胸围（腋下 2.5cm 度）	40	42.5	45	47.5	50	52.5	55
衣长（领边度）	57	58	59	60	60	61	61
挂肩（后中水平垂直度）	22	23	24	25	25.5	26	26.5
袖肥（腋下 2.5cm 度）	12.5	13.5	14.5	15.5	16	16.5	17
袖口宽（袖口边至边）	8	8.5	9	9.5	10	10.5	11
袖口高（袖口边至袖身交界线度）	6	6	6	6	6	6	6
下摆宽（下摆边至边度）	37	39.5	42	44.5	47	49.5	52
下摆高（下摆边至大身交界线度）	6	6	6	6	6	6	6
领宽（线至线度）	17	18	19	19.5	20	20.5	21
前领深（水平至线度）	16	17	18	18.5	19	19.5	20
后领深（水平至线度）	2	2	2	2	2.5	2.5	2.5
腰宽（边至边度）	36	38.5	41	43.5	46	48.5	51
腰高（领边下度）	35	35.5	36	36.5	36.5	37	37
领贴高（领边至缝合线度）	2	2	2	2	2	2	2
袖长（后中三点度）	71	72.5	74	75.5	77	78	79

表6-8　男装圆领套头弯夹长袖衫规格尺寸（全件单边）　　　　单位：cm

部位及量法	规格						
	90	95	100	105	110	115	120
胸围（腋下 2.5cm 度）	45	47.5	50	52.5	55	57.5	60
肩宽（边至边度）	40	41	42	43	44	45	46
衣长（领边度）	67	68	69	70	70.5	71	71.5
挂肩（夹阔直度）	22.5	23.5	24.5	25.5	26.5	27	27.5
肩斜（领边度）	2.5	2.5	2.5	2.5	2.5	2.5	2.5
领宽（线至线度）	18	19	20	20.5	21	21.5	22
前领深（水平至线度）	9	9.5	10	10.5	10.5	11	11
后领深（水平至线度）	2.5	2.5	2.5	2.5	3	3	3
下摆宽（下摆边至边度）	41	43.5	46	48.5	51	53.5	56

续表

部位及量法	规格						
	90	95	100	105	110	115	120
领贴高（领边至缝合线度）	2	2	2	2	2	2	2
下摆高（下摆边至大身交界线度）	7	7	7	7	7	7	7
袖口高（袖口边至袖身交界线度）	7	7	7	7	7	7	7
袖口宽（袖口边至边）	9	9.5	10	10.5	10.5	11	11
袖长（膊边度）	58	59	60	61	61.5	62	62.5
袖肥（腋下2.5cm度）	17.5	18.5	19.5	20.5	21.5	22	22.5

表6-9　男装V领开衫弯夹长袖衫规格尺寸（全件单边）　　　　单位：cm

部位及量法	规格						
	90	95	100	105	110	115	120
胸围（腋下2.5cm度）	47	49.5	52	54.5	57	59.5	62
肩宽（边至边度）	41	42	43	44	45	46	47
衣长（领边度）	68	69	70	71	71.5	72	72.5
挂肩（夹阔直度）	23.5	24.5	25.5	26.5	27.5	28	28.5
肩斜（领边度）	2.5	2.5	2.5	2.5	2.5	2.5	2.5
领宽（线至线度）	18	19	20	20.5	21	21.5	22
前领深（水平至线度）	17	18	19	19.5	20	20.5	21
后领深（水平至线度）	2.5	2.5	2.5	2.5	3	3	3
下摆宽（下摆边至边度）	44	46.5	49	51.5	54	56.5	59
领贴高（领边至缝合线度）	2	2	2	2	2	2	2
下摆高（下摆边至大身交界线度）	7	7	7	7	7	7	7
袖口高（袖口边至袖身交界线度）	7	7	7	7	7	7	7
袖口宽（袖口边至边）	9	9.5	10	10.5	10.5	11	11
袖长（膊边度）	58	59	60	61	61.5	62	62.5
袖肥（腋下2.5cm度）	18.5	19.5	20.5	21.5	22.5	23	23.5

表6-10　男装圆领套头马鞍膊长袖衫规格尺寸（全件单边）　　　　单位：cm

部位及量法	规格						
	90	95	100	105	110	115	120
胸围（腋下2.5cm度）	45	47.5	50	52.5	55	57.5	60
衣长（领边度）	67	68	69	70	70.5	71	71.5

续表

部位及量法	规格						
	90	95	100	105	110	115	120
挂肩（夹阔垂直度）	24	25	26	27	28	28.5	29
袖肥（腋下2.5cm度）	17.5	18.5	19.5	20.5	21.5	22	22.5
袖口宽（袖口边至边）	9	9.5	10	10.5	10.5	11	11
袖口高（袖口边至袖身交界线度）	7	7	7	7	7	7	7
下摆宽（下摆边至边度）	41	43.5	46	48.5	51	53.5	56
下摆高（下摆边至大身交界线度）	7	7	7	7	7	7	7
领宽（线至线度）	17	18	19	19.5	20	20.5	21
前领深（水平至线度）	9	9.5	10	10.5	10.5	11	11
后领深（水平至线度）	2.5	2.5	2.5	2.5	3	3	3
领贴高（领边至缝合线度）	2	2	2	2	2	2	2
袖长（后中三点度）	79	80	81	82	82.5	83	83.5

第三节　成形针织服装结构设计

　　成形针织服装由于其穿着方式、面料特征、组织结构与其他服装不同，具有独特的衣片结构特点。成形针织服装的结构设计是制定编织工艺与生产工艺的前提和基础，熟悉并合理运用设计原则，方能实现理想的服装造型效果。

一　成形针织服装结构设计原则

（一）分割缝设计
　　因线圈结构较容易拉伸，针织服装能根据不同人的体型塑形，展现出穿着者的身体曲线。相较于机织服装，针织服装在结构设计上应尽量减少分割，以减少缝合后发生褶皱的可能性，避免对服装美观性及穿着舒适性造成影响。

（二）衣片成形设计
　　针织衣片的成形结构具备较高的优越性，可免除复杂的设计工序，通过直线和简单曲线的组合即可立体成形，实现设计效果。

（三）服装板型设计
　　成形针织服装衣片结构是以原型结构为基础，根据款式特征和成衣规格加长加宽，留出缝份和其他消耗量而得到的最终板型。由于针织组织结构的特性，结构较疏松或弹性较好的纱线进行板型设计时应注意适当减小衣片尺寸。

二 \ 成形针织服装常用结构

结构设计应从常见结构的分解入手，再进行结构的重组以实现服装结构的变化。将成形针织服装以门襟、肩型、袖型、领型等类型来进行结构分解。按门襟可分为套衫和开衫；按肩型可分为平肩、斜肩、马鞍肩等；按袖型可分为泡泡袖、喇叭袖等；按领型可分为圆领、V领、翻领等。

（一）平肩平袖型

平肩平袖型针织衫的编织工艺简单，生产效率高。套衫主要由前片、后片、袖片、领条组成，前后片肩位与领位之间平直无斜度；袖片无收针，由袖口罗纹上加针至结束，袖片呈梯形，无袖山。平肩平袖型平面结构及分解图如图6-3所示，宽松型款式一般采用此类结构。

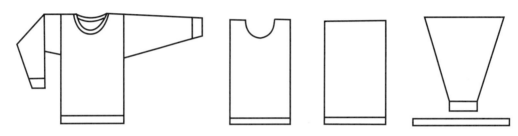

图6-3　平肩平袖型平面结构及分解图

（二）斜肩弯夹袖型

斜肩弯夹袖型，指针织衫成衣为普通装袖型，在平肩平袖型的基础上改进而成。斜肩弯夹袖型主要由前片、后片、袖片及领条组成，前后片肩位与领位之间是倾斜的，有袖山、袖片及收针工艺，袖口平直，穿着更为舒适。可分为斜肩型和背肩型两种。

1.斜肩型

斜肩型前后衣片的肩部对称均为斜肩，如同机织服装的装袖型。前后片肩部与领位之间倾斜，斜肩型可通过编织一次成形，也可通过半成品衣片绷缝而形成；成衣后肩缝有居于正中和前倒肩两种，以居中为多；袖片加针后有袖山工艺，袖山有普通收针袖型和S收针袖型（也称"弯夹袖"）。斜肩弯夹袖型平面结构及分解图，如图6-4所示。

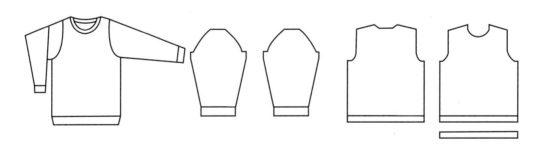

图6-4　斜肩弯夹袖型平面结构及分解图

2.背肩型

背肩型前片肩位是平直型，后片肩位比斜肩型后片斜度更大；前后片肩部缝合后，前片的外肩点背向后背，成衣后的前肩缝外肩点往后折3~4cm，因此称为"背肩型"。背肩型款式一般应用于男款，缝合后毛衫正面看不到肩部缝合线，整体光洁美观。袖片加针后有袖山工艺，袖山有普通收针袖型和S收针袖型（也称"弯夹袖"）。背肩弯夹袖型平面结构及分解图，如图6-5所示。

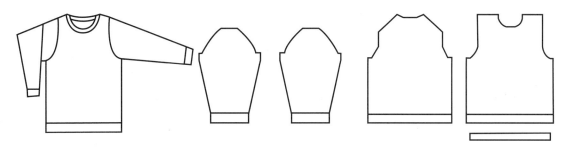

图6-5　背肩弯夹袖型平面结构及分解图

（三）插肩袖型

插肩袖也称"斜肩斜袖型""尖膊衫袖型"，主要由前片、后片、袖片、领条组成。前后衣片的肩部均为斜度较大的斜肩；前后片的袖窿为直线斜收，一般收针方法为先慢后快，也有S型收针法；后片的领部一般为平直状；袖山头部为倾斜状，收夹无曲线，袖山尾部为斜线收。因袖山尾部为领的组成部分，缝合后成衣无肩结构，袖山直插到领位，若后领深尺寸超过2~3cm，则需做成挖后领领深的结构。插肩袖型平面结构及分解图，如图6-6所示。

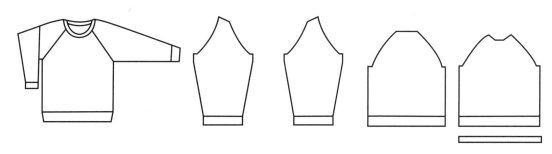

图6-6　插肩袖型平面结构及分解图

（四）马鞍肩型

马鞍肩型肩部为曲线型，一般应用于男款，主要由前片、后片、袖片、领条组成。前后肩部均为斜度较大的斜肩，但线形不同；前后片袖窿为直线斜收；后片领部一般为平直状；袖山头部为倾斜状，收夹无曲线；因袖山两边收针不同，须分左右，各做一幅袖片。同插肩袖型一样，因袖山尾部为领的组成部分，缝合后成衣无肩结构，袖山直插到领位，如果后领深尺寸超过2~3cm，则需做成挖后领领深的结构。马鞍肩型平面结构及分解图，如图6-7所示。

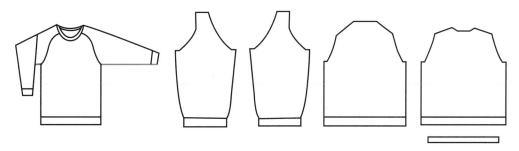

图6-7　马鞍肩型平面结构及分解图

（五）毛裤型

毛裤分为男款和女款，男款毛裤门襟有开口结构。毛裤一般分左右片及裤腰，因前后裆两边收针不同，须分左右，各做一幅裤片；缝合位应在腿部内侧。毛裤型平面结构及分解图，如图6-8所示。

（六）短裙型

最常见的裙装结构为前片、后片和腰头，也有多片裙片和腰头组成的结构。短裙型平面结构及分解图，如图6-9所示。

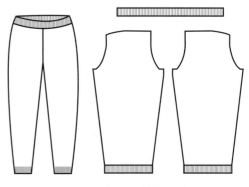

图6-8　毛裤型平面结构及分解图

（七）时装型

时装型成形针织服装的结构比较复杂，如图6-10所示的时装型主要由前片、后片、袖片、侧幅片、领条组成。前片分左右各一幅片，先以放针工艺织法形成有规律的倾斜至

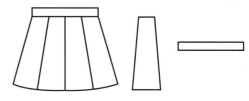

图6-9　短裙型平面结构及分解图

腋下，尾直位（前片侧边结尾处的平摇位置）对后领缝合，前片尾平位（前片织完后结尾处）两边针对针（线圈眼对线圈眼）缝合，形成后领高度，工艺精简、造型美观。

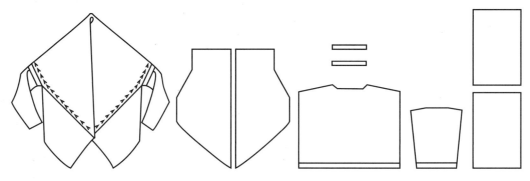

图6-10　时装型平面结构及分解图

思考题

1.人体测量的基准点有哪些？主要的测量部位有哪些？

2.根据设计目的，怎样选择性应用成品规格表中的尺寸？

3.针织服装规格来源有哪些？其放松量设计的影响因素是什么？

4.针织服装规格表的制定，需要考虑哪些因素？

5.针织服装面料不同组织结构的特性有哪些？

6.针织款式中斜肩型与背肩型的相同点与不同点有哪些？

7.插肩袖型与马鞍肩型最大的区别是什么？

第七章
成形针织服装编织工艺

产教融合教程：成形针织服装设计与制作工艺

课题内容：

1.成形编织工艺设计准备

2.成形编织工艺原理及计算方法

3.成形针织服装编织工艺设计实例

课题时间： 12课时

教学目标：

1.掌握针织服装工艺参数的设计内容与方法

2.掌握针织样片制作与密度测量方法

3.掌握衣片成形原理与设计方法，能独立设计常规款编织工艺

4.培养学生精益求精的工作作风

教学方式： 任务驱动、线上线下结合、案例、小组讨论、多媒体演示

实践任务： 课前预习本章内容（本课程线上资源），基于前期已设计的针织服装款式与规格尺寸，选择合适的纱线与横机机型，打小样测密度，设计其编织工艺，并编织出成形针织服装衣片。要求：

1.选择合适的纱线与横机机型

2.制作一块30cm×30cm的针织样片，测量其密度

3.按照针织服装款式、成品规格尺寸与密度，计算各服装的编织工艺

4.按照编织工艺，用横机编织各个衣片

成形针织服装工艺设计是指基于设计师的设计稿或产品款式，利用针织独有的成形方式先进行工艺设计分析，再制作出合适的生产工艺文件。工艺设计分析应综合考虑原料种类、纱线纱支、编织机器的型号与机号、织物组织及织物密度、规格尺寸、测量方法、横机工艺、缝合工艺、洗缩工艺、后整理工艺、修饰工艺、辅助材料、单件成品重量要求等诸多因素，从而制定合理的工艺和生产流程，进一步提高针织产品的质量和产量。为了保证成形针织服装的经济效益与生产工序的顺利进行，在工艺设计时应该充分考虑产品的经济价值、生产标准、产品要求等因素，以节约生产成本、提高生产效率、保证产品质量为导向，制定合理的生产工艺流程与工艺参数。

第一节　成形编织工艺设计准备

一　成形编织方法

成形针织服装是通过不同的方法使织物尺寸增加或减少，从而形成具有一定形状和尺寸的衣片。其形成主要靠改变针织物的组织结构、密度及参加编织区域的针数等方法来完成。其中改变参加编织区域的针数是最主要方法，包括编织过程中的加针、减针、停针、收针等。

（一）加针

加针（又称放针或添针），加针的目的是使编织的衣片宽度增加。由于成形针织服装在织造过程中，直接织成衣片，而不用裁剪，在增加宽度时，必须靠加针来实现，从而达到预期要求的宽度。常用加针方式有明加针和暗加针两种。

1.明加针

明加针是指在织物边缘直接推一支空针到工作区，不进行移圈而使其参加编织。在加针时，将机头同侧的针先推上一支，移动机头编织半转到另一侧，按同样的方法操作推一支针。为使加针过程顺利，避免加针后边针（新加的针）出现漏针现象，一般在机头同侧完成加针。如果在对侧加针，则会导致该织针上的线圈脱落，造成掉针。加针一般用于男女针织衫腰部侧缝、袖两侧位置，同时推针，几转后织物面幅增宽，如图7-1所示。

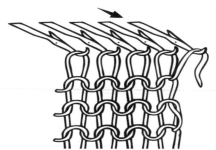

图7-1　明加针

2.暗加针

暗加针俗称勾耳仔。暗加针是将衣片边缘若干线圈针同时整列向外横移，若移动3针，即为加针3支边，移出后空出的针成为空针。待编织时空针位置自动加针会出现小小的孔眼，为避免此现象，从旁边织针线圈勾圈挑起挂到空针位置，再继续编织，由于暗加针操作较复杂，效率低，通常不采用这种方法，如图7-2所示。

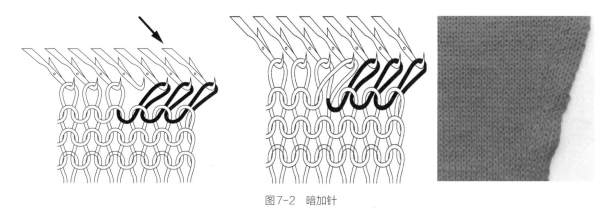

图7-2　暗加针

（二）减针

减针又称收针，是通过各种方式减少参与编织的织针针数，减针目的是使编织的产品宽度变窄，改变原有形态，从而达到预期设计要求的尺寸。在减针时，两边纱线往内移进几针，之后将移针后空出的织针压下退出。可以一次收一支，也可以一次收多支。常用减针方法有明收针和暗收针两种。

1.明收针

明收针也称无边花减针，将需要织针上的线圈直接转移到相邻的织针上。常用在男女羊毛衫收领、腰部和袖山高两侧的无边段减针。持一眼或两眼收针柄向内套1针或2针，再将两边织针退到不工作位置，这种收针方法织物正面无辫子，俗称"无边"。减针后可见收花位在衫片的边缘。无边花减针如图7-3所示。

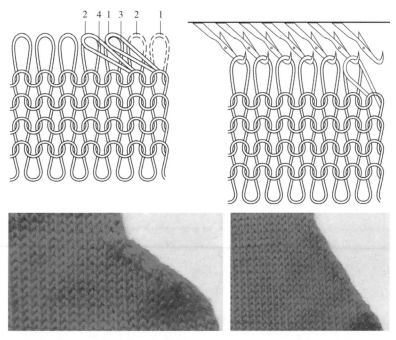

图7-3　无边花减针

2.暗收针

暗收针也称有边花减针，是将需要收针的织针上线圈连同边部其他织针上的线圈一起平移，使收针后衣片边缘不呈现重叠线圈，而在边缘内侧若干针上呈现重叠线圈效应的收针方法。一般常用在男女针织衫收夹和袖山及男针织衫背肩缝款式中。而有边花减针时规定夹边几支针，所用支边数目为减针数目加上夹边针数。如要求夹留4支边，减3针则用7支边，减针后可见减针位在衫片的边缘往里第5针位、第6针位和第7针位有重叠线圈。按工艺织几转后重复第一次减针方法，按此方法即完成夹位全部收花。羊毛衫正面看有明显突起的人字和辫子，具有鲜明的线条感。有边花减针如图7-4所示。

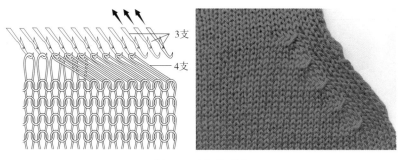

图7-4　有边花减针

（三）局部编织

局部编织又称停针、铲针，其工作原理是将不工作的机针推向最高停织位置。机头移动时织针不参与编织。局部编织用于形成轻度的斜坡，适用于收肩、领位、圆摆、斜片等。银笛SK280型横机的具体操作如下：持针凸轮杆打到 I 位，将机头另一侧要减的针推到D位。织一行，则B位针编织，D位针停止编织，纱线在针上走过。为防止织物上出洞，应将纱线在第一个D位针下走过，其他在D位针上走过。如果在两边均形成斜线，则需要在左右两侧分别进行。从而实现领位、肩位、胸部、附件、口袋、圆摆、直接成形及各种花型图案，局部编织效果如图7-5所示。

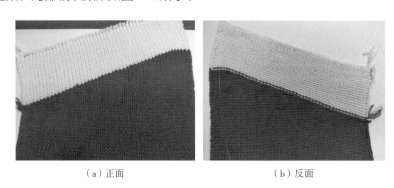

（a）正面　　　　　　　　　　（b）反面

图7-5　织物组织局部编织

（四）套圈收针

套圈收针简称套收针，又称平收针、拷针、锁边收针，一般用在前后领正中部位的平位收针，前、后、袖下开始收针前的位置，袖窿需要做套针工艺。夹平位套针是指身片夹边连续减针的位置，使得织物在套收处尺寸变小，一般高档羊毛衫用这种套针方法。步骤如下：第一步，由端织针脱离线圈移到相邻的针上，并将空针推回到A位；第二步，将第二针推到D位，两个线圈退至针杆上；第三步，把编织线垫放在针钩内；第四步，轻轻拿住线，将第二针推回到B位，形成新线圈；第五步，按第一至第四的步骤反复操作。套针收针结构如图7-6所示。

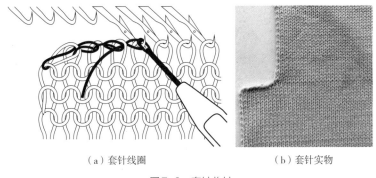

（a）套针线圈　　　　　　　　　（b）套针实物

图7-6　套针收针

二 \ 成形编织工艺参数设计

编织工艺设计通常包含工艺设计前准备与成形工艺设计两大部分内容，其中工艺设计前准备的主要任务是织物工艺参数设计，它是根据成形针织服装设计需求选择合适的纱线、横机针型、打小样，并合理地选取织物横密、纵密等工艺参数。

（一）确定纱线

纱线的选择包括纱线的纤维原料、纱线的结构与纱线细度三个方面。通常根据成形针织服装的用途、穿着季节、厚度、档次等选择合适的纱线原料与纱线细度，纱线可以单根纱线，也可以多根净毛或混毛编织，具体可根据实际需求选用。例如，秋冬的内搭紧身高档毛衫，可选择26N/2以羊绒或羊毛为主要原料的纯纺或混纺纱线。纱线根据结构可分为普通纱线和花式纱线两大类别，一般根据成形针织服装的外观来选用，有特殊外观和肌理需求的外衣可使用圈圈线、蝴蝶纱、雪尼尔等花色线作为原料增加设计效果。

（二）确定针型

合理选择针织机的机号，对提高成形针织服装的品质和服用性能起着重要作用，可以使成形针织服装的外观纹路清晰、手感柔软、质地丰满、弹性好、尺寸稳定性好。横机的机号主要由织物组织结构与纱线的线密度决定，其常用有：1.5针、3针、5针、7针、9针、12针、14针、16针、18针等。根据实践经验，在横机上编织纬编针织物基本组织时，机号与纱线线密度存在以下关系：

$$Tt = \frac{K}{G^2} \ \text{或} \ Nm = \frac{G^2}{K'}$$

式中：　　G——机号，针/25.4mm；

　　　　　Tt——纱线线密度，tex；

　　　　　Nm——纱线公制支数；

　　K，K'——纱线线密度常数，受纱线种类、纱线加工方式等影响，一般$K=7000\sim10000$，$K'=7\sim11$。

每种针型固定对应的纱线细度有一定的范围，可根据以上公式粗略计算纱线适合的机型，也可根据以往经验直接选择。例如，一般50tex纱线采用16G的横机进行编织。

（三）确定密度与回缩

1.密度分类

针织物的稀密程度可以用密度和未充满系数来表示。在工艺设计时用密度来控制针织物稀密程度。密度包括横密（用 P_A 表示）、纵密（用 P_B 表示）、拉密等，在企业通常将横密、纵密连在一起称为"平方"，例如 P_A=6针/cm， P_B=4转/cm，企业通常表示为"平方：6针×4转/cm²"。拉密是一定拉力一定针数的针织物拉伸后的最大尺寸（一般用英寸表示），也是间接测量某单位线圈长度的一种方法，用来控制编织的密度。线圈长度大则密度小，反之则密度大。企业称其为"字码"，例如"10支拉2 3/8英寸"表示将宽为10纵行的针织物用力拉至最大尺寸为2.375英寸（6.0325cm）。除此之外，密度还分为成品密度和下机密度。

（1）成品密度。成品密度也称"净密度"，是指成形针织服装经后整理后，线圈达到稳定状态时的密度，它是成形针织服装工艺设计计算的基础，同时也影响着织物的手感、外观、弹性、尺寸稳定、保暖性等织物风格及服用性能。工艺设计前需要确定的横密、纵密参数，就是指成品密度，面料小样必须经过与成衣一样的后整理工艺处理后，方可测量其密度，否则按照工艺计算后的编织工艺单生产成衣形状与尺寸会存在一定的偏差。

（2）下机密度。下机密度又称"毛密度"，是指织物完成编织后的密度，是一种不稳定状态时的密度。经过后整理一般会有一定的回缩，用回缩率来表示。检测衣片半成品尺寸是否合格时用到的拉密就是下机织物的拉密，小样编织后无须后整理，直接测量。

2.回缩方法

（1）蒸缩：将下机衣片通过气蒸方法，使它回缩，粗、细针型都可使用。可分为湿蒸和干蒸。湿蒸是指将衣片放入温度为100℃左右的蒸箱内，蒸5~10min，这种方法适用于毛织物。干蒸是指将衣片放在温度为70℃左右，不含水蒸气的钢板上烤5min，适用于腈纶产品。

（2）揉缩：将下机的产品团在一起，加上揉、捏的手法，使织物迅速回缩，适用于粗纺毛纱的纬平针织物及其他单面针织物。

（3）掼缩：是将下机的编织物横向对折，再折成方形，在平台上进行掼击，使它回缩。这种方法适用于各种原料的双面织物。

（4）卷缩：将下机的产品横向卷起，然后轻轻向两端稍拉（也可以边卷边向两端抹开），使线圈处于平衡状态，适用于粗、细针型的纬平针组织。

（5）洗水缩绒：将织好的样片进行锁边封口，按照针织衫的洗水要求进行洗水、缩绒、烘干、熨烫，熨烫时保持顺烫即可，确保手感柔软度适宜，回缩效果自然，企业生产一般采用这种方法。

3.拉密测量

（1）横向拉密测量：指在织物的横向施加拉力，使线圈的纵向长度全部转移到横向所测得的线圈长度。一般在编织中纬平针（单边组织）织物选10支横向拉开的长度表示横密，也称"10支横拉密"。罗纹用5条纵条来表示横密，称为"5坑拉密"，如图7-7所示。

（2）纵向拉密测量：指在织物的大身组织头尾用手抓紧，在平整的工作台面上，一只手靠在工作台的边角，另一只手沿着工作台的边沿，缓缓用力，直到拉到极限，如图7-8所示。

由于每个人施加的拉力不同，其数值有差异，为了统一拉力，车间生产中一般由专人负责测量，现在也有用仪器提供稳定拉力，称为"吊度拉力"，其拉力可设置9个等级。合理的密度不仅可以改善织物的外观，使织物纹路清晰，而且可以提高织物尺寸稳定性。

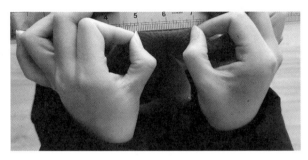

图7-7　横向拉密的测量手法

图7-8　纵向拉密的测量手法

第二节　成形编织工艺原理及计算方法

一　成形编织工艺原理

（一）针数、转数计算原理

任何款式服装中的衣片都需先确定关键部位的横向针数和纵向转数，其计算基本公式如下：

$$横向针数 = 横向尺寸 \times 横密$$

$$纵向转数 = 纵向尺寸 \times 纵密$$

纵向和横向尺寸可根据衣片的特点与实际衣片尺寸进行微调，例如肩宽会因衣袖的重力作用，将肩宽拉宽，肩宽在实际工艺设计时会稍窄一些，肩宽针数=肩宽尺寸×修正值×横密。根据原料与织物组织特点，一般修正值在92%～97%。

（二）增、减幅宽设计

1.增加幅宽

增加幅宽是通过增加编织针数，配合转数形成加宽弧线，如袖子部位、裤腿部位加宽编织等。表示方法为：（转数＋针数）×次数，一般简写为：转数＋针数×次数，例如图7-9所示为"2+1×4"，表示"2转加1针加4次"，企业习惯写法为"2+1+4"。加针方法分为直接加针法（明加）和移圈加针法（暗加）。

2.减少幅宽

减少幅宽是通过减少编织针数，或配合转数形成收针弧线，如袖窿弧线、领围线。表示方法为：（转数－针数）×次数，一般简写表示为：转数－针数×次数。例如：2-2×3（2转收2针收3次），企业习惯写法为"2-2-3"，图7-10为"2-2-3（4支边）"的意匠图。

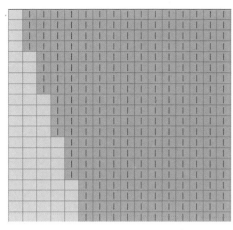

图7-9 "2+1+4"意匠图

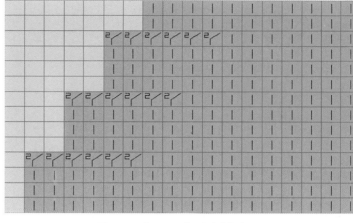

图7-10 "2-2-3（4支边）"意匠图

二 成形编织工艺计算方法

成形针织服装编织工艺计算是指根据产品各部位的规格尺寸计算横向（横密）针数和纵向（纵密）转数，以及斜线、弧线处的收放针。成形针织编织工艺的计算方法不是唯一的，但其计算原理完全相同，只要设计出符合产品要求的工艺即可。这里以典型的圆领平膊弯夹长袖套头衫为例介绍编织工艺计算方法，通常工艺计算步骤为：后片→前片→袖片→领贴。款式图如图7-11所示。

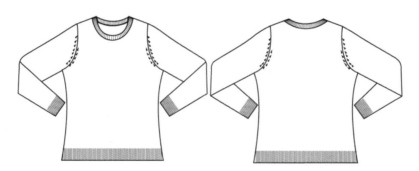

图7-11 女装圆领平膊弯夹长袖套头衫款式图

（一）后幅各部位的计算方法

（1）后胸阔针数与衫脚开针数=胸阔尺寸×大身横密+缝耗针数×2。

说明：大身横密单位一般为"针/cm"或"支/cm"，缝耗是指两边缝合针数。缝耗一般每边缝0.5~1cm（细针每边缝2~3针，粗针每边缝1~2针）。

（2）后身长总转数=（身长尺寸±衫脚高尺寸）×大身纵密。

说明：大身纵密一般为"转/cm"。衫脚高尺寸也就是下摆边罗纹高尺寸，下摆边为罗纹或加边时减去下摆边罗纹高尺寸；下摆边为折边时，加上下摆边高尺寸。

（3）后膊斜转数=膊斜尺寸×大身纵密。

（4）后夹阔直度转数：

①后夹阔直度转数=［夹阔斜度尺寸-（修正值）］×大身纵密。

说明：修正值根据款式各挂肩规格的差异而定，一般为1～2cm。

②用勾股定理来计算：夹阔直度转数 $= \sqrt{挂肩^2 - [(胸阔 - 肩阔)/2]^2} \times$ 大身纵密。

（5）后幅夹上总转数＝夹阔直度转数＋膊斜转数。

（6）后幅夹下转数＝后身长总转数－后幅夹上总转数。

（7）后腰直位转数＝纵密×3cm（一般腰直位的尺寸为3cm左右）。

（8）后腰直位下身转数＝（身长－腰距－衫脚高－腰直位尺寸/2）×纵密。

（9）后腰直位上转数＝夹下转数－腰直位转数－腰直位下转数。

（10）后收夹转数＝夹阔直度尺寸×夹阔直度占比×纵密。

说明：夹阔直度占比为32%～38%。

（11）后对袖尾缝合位转数＝袖尾尺寸/2×纵密。

（12）后收夹花上直位转数＝夹阔直度转数－收夹转数－对袖尾转数。

（13）后领深转数＝[后领深尺寸－0.5cm左右（根据折后尺寸定）]×纵密。

（14）后衫脚高转数＝衫脚高尺寸×衫脚高纵密。

（15）后腰阔针数＝腰阔尺寸×横密＋缝耗针数×2。

（16）后每边收腰针数＝（罗纹过梳后大身针数－腰阔针数）/2。

（17）后每边加腰针数＝（胸阔针数－腰阔针数）/2。

（18）后肩阔针数：

①后肩阔针数＝肩阔尺寸×横密×（修正值）＋缝耗针数×2。

②后肩阔针数＝肩阔尺寸×肩阔修正值×横密＋缝耗针数×2。

羊毛衫洗缩过程中，在洗缩设备里不停转动，受袖子的拉伸影响而变宽。一般在计算工艺时修正值取92%～97%，或者用肩阔直接减1～2cm。

（19）后领阔针数：

①后领阔针数＝领阔线至线量尺寸×领阔修正值×横密－缝耗针数×2。

说明：修正值一般取85%～92%或减去1～3cm，领阔针数计算与领子款式及测量方法有关。

②后领阔针数＝领阔内量尺寸＋领贴高×2－缝耗针数×2。

（20）后领底平位针数＝领阔尺寸×后领底平位比例×横密。

说明：后领底平位比例占后领阔的55%～75%。

（21）后单肩阔针数＝（肩阔针数－领阔针数）/2。

（22）后收腰计算：已知"腰直位下转数"和"每边收腰针数"，根据弯夹肩缝套头衫板型原理，以先慢后快的原则，减针至腰直位下。

（23）后加腰计算：已知"腰直位上转数"和"每边加腰针数"，根据弯夹肩缝套头衫板型原理，以先快后慢原则，并考虑夹下直位需要保留约3cm直位平摇转数。

（24）后收夹针数＝胸阔针数－肩阔针数。

（25）后每边收夹针数＝（后收夹针数－夹底平位套针）/2。

说明：为了使羊毛衫更适合体形，在腋下收夹前每边套针 1.5~2cm 针，弯夹衫至少分三段收夹，粗针产品一般每次每边收 1~2 针，细针一般收 2~3 针。夹收针以先快后慢原则，先夹底套针后织 1 转再收夹。

（二）前幅各部位的计算方法

（1）前胸阔针数：计算前幅胸阔根据款型可分为套头款、开衫装门襟款、开衫连门襟款。

①套头衫前胸阔针数=（胸阔尺寸+两边折后总宽度）×大身横密+缝耗针数×2。

说明：大身横密单位为线圈纵行针，衫片两边折向后身的总宽度一般取 1~1.5cm 针数。

②开衫装门襟前胸阔针数=（胸阔尺寸+两边折后总宽度-门襟宽）×大身横密+侧边和门襟缝耗的针数。

③开衫连门襟前胸阔针数=（胸阔尺寸+两边折后总宽度+门襟宽）×大身横密+侧边和装丝带缝耗的针数。

（2）前身长（总转数）=后身长总转数+0.5cm 左右折后转数（折后转数根据折后尺寸确定）。

（3）前膊斜转数=后幅膊斜转数。

（4）前夹阔直度转数=后夹阔直度转数+折后转数。

说明：折后尺寸一般为 0.5cm 左右。

（5）前夹上转数=后幅夹上转数+折后转数。

（6）前夹下转数=后夹下转数。

（7）前腰直位转数=后腰直位转数。

（8）前腰直位下转数=后腰直位下转数。

（9）前腰直位上转数=后腰直位上转数。

（10）前收夹转数=后收夹转数。

（11）前对袖尾缝合位转数=后对袖尾缝合位转数+折后转数。

（12）前收夹花上直位转数=后收夹花上直位转数。

（13）前领深转数=（前领深尺寸+折后尺寸）×纵密。

（14）前衫脚高转数=后衫脚高转数。

（15）前腰阔针数=后腰阔针数+两边折后总针数。

说明：两边折后总尺寸一般为 1~1.5cm。

（16）前每边收腰针数=后每边收腰针数。

（17）前每边加腰针数=后每边加腰针数。

（18）前肩阔针数=后肩阔针数。

开衫前肩阔针数的计算与开衫前胸阔针数的计算方法相似。

（19）前领阔针数=后领阔针数。

开衫前领阔针数的计算与开衫前胸阔针数的计算方法相似。

（20）前领底平位针数=领阔尺寸×前领底平位比例×横密。

说明：圆领前领底平位比例占领阔的 30%~40%，V 领前领底平位比例占领阔的 1%。如果 V 领开针是单数，中计针1支，如果开针是双数，中计针0支或2支。

（21）前单肩阔针数＝后单肩阔针数。

（22）前收腰计算方法＝后收腰计算方法。

（23）前加腰计算方法＝后加腰计算方法。

（24）前收夹针数＝前胸阔针数－前肩阔针数。

（25）前每边收夹针数＝（前收夹针数－夹底平位套针）/2，同后收夹方法相同。

说明：夹底平位套针尺寸一般为1.5～2cm。

（26）前领每边收针：

①圆领前领每边收针＝（领阔针数－前领底平位针数）/2。

普通圆领前领收完针，一般要留3～4cm深的直位转数，具体留多少要视圆领深的尺寸而定。圆领收针曲线至少要分三段收，也有分四段、五段来收领。总之，收领曲线应以先快后慢为原则，领型收出来要圆顺。开始收的领花要稍急，转数少而收针数多，在收前领时，开始几个急收领花需要采用套针的收法来收，后面几个领花收花稍缓，可采用无边花来收。

②V领前领每边收针＝（领阔针数－前领底平位针数）/2。

说明：前领底平位针数是指如果衫身针是单数，中计针1支，如果开针是双数，中计针0支或2支。普通V领前领收完针，一般要留3～4cm深的直位转数，具体留多少要视V领深的尺寸而定。V领收针可分一段或两段来收领，收领曲线应以先快后慢为原则，领型收出来要顺滑。

（三）袖子各部位的计算方法

（1）袖口阔＝袖口阔尺寸×2×袖口罗纹修正值×横密＋缝耗×2。

说明：由于袖口罗纹具有良好的弹性，因此不能以袖口阔实际尺寸计算，要根据罗纹组织及其弹性大小选择适合的罗纹修正值计算。一般罗纹修正值为105%～135%。袖口开针数一般取单数，罗纹如1×1、2×1、3×2等罗纹组织一般开面包底（前针床选针比后针床多一支针），如果缝耗每边缝1支的，一般开斜角。

（2）袖阔＝袖阔尺寸×2×袖阔修正值×横密＋缝耗×2。

说明：袖阔修正值是指羊毛衫洗缩过程中，在洗缩设备里不停转动，袖子受挤压叠加拉伸影响而变长变窄。一般在计算工艺时袖阔修正值取105%～108%，或者用袖阔直接加1cm左右来计算。

（3）袖尾尺寸：弯夹衫女装一般为7～10cm阔、男装一般为9～13cm阔。袖尾尺寸需要根据不同尺码加大减小外，也需要根据袖山高而定。

（4）袖长（袖身总转数）＝（袖长尺寸－袖嘴高）×袖长修正值×纵密（转）。

说明：针织衫洗缩过程中，在洗缩设备里不停转动，袖子受挤压叠加拉伸影响而变长变窄。一般在计算工艺时袖长修正值取95%～97%，或者用袖长直接减1～3cm计算。

如果袖长尺寸从后领中量起，则要减去1/2肩阔尺寸（装袖款），或减1/2领阔尺寸（插肩袖款）。

（5）袖山高＝袖山高尺寸×修正值×纵密。

在袖山高没有给尺寸的情况下，计算袖山高的方法如下：

袖山高＝（实际后夹阔直度转数－对袖尾缝合位转数）× 修正值。

说明：修正值为95%~97%。

（6）袖夹下转数＝袖身总转数－袖山高转数。

（7）袖嘴高转数＝袖嘴高尺寸 × 罗纹纵密 × 修正值。

说明：袖嘴高罗纹修正值指袖嘴缝合后由于两边拉伸力小，袖罗纹会变密变高，在计算工艺时袖嘴高修正值一般取95%左右，也可以直接减少1~2转罗纹转数。

（8）袖每边加针数＝（袖阔针数－袖口阔针数）/2。

（9）袖收夹针数＝袖阔针数－袖尾针数。

（10）袖加针计算：已知"袖夹下转数"和"袖每边加针数"，根据弯夹肩缝套头衫板型原理，以先快后慢加针原则，正常袖子加针（放针）先平摇再开始放针，放针一般一次放一针。

（11）袖山每边收针数＝袖收夹针数/2。

说明：为了使羊毛衫更能适合体型，在腋下收夹前每边套针1.5~2cm针，弯夹衫可分三段、四段或五段收夹。粗针产品一般每次每边收1~2针，细针一般收2~3针。普通袖型收针以先慢后快原则，S型夹型收针以先快后慢再快原则。

（四）领贴的计算方法

领贴可按领圈周长计算，周长可按几何形状近似计算，也可在领型样板上实测。有些领型还需要考虑一些修正因素。工艺包括领贴的组织结构、机号针号、原料纱线、织物密度、缝合记号等。

领贴的计算＝领圈周长尺寸 × 领圈横密＋缝耗。

第三节　成形针织服装编织工艺设计实例

一　女装圆领平膊弯夹长袖套头衫生产工艺

（一）款式特征分析

女装圆领平膊弯夹长袖套头衫(以吉水南发服装有限公司的客户订单为例)，款式如图7-12所示。根据平面图分析，此款是基本款圆领套头衫，前身、后身与袖子采用纬平针编织，前身下摆、后身下摆和袖口采用双层纬

（a）正面　　　　　　　　　（b）背面

图7-12　女装圆领平膊弯夹长袖套头衫

平针组织（圆筒），领贴双层纬平针包缝。前幅、后幅和袖子夹花位有明显突起的人字和辫子，具有鲜明的线条感。按客户要求此产品用1条26N/2（企业常写作2/26N或2/26支）腈纶纱，12针横机编织。

（二）成品规格制定

根据产品分析，先制定初样M码的成品规格尺寸，见表7-1。

表7-1　女装圆领平膊弯夹长袖套头衫规格尺寸　　　　　　单位：cm

部位	胸阔	肩宽	身长	夹阔	领阔	前领深	腰阔	领贴高	袖长	袖阔
尺寸	46	35	58	20	20	10	42	2	55	15

（三）密度确定

根据款式分析打小样，取得下面小样信息，见表7-2。

表7-2　女装圆领平膊弯夹长袖套头衫小样参数表

身单边	5.9支/cm（横密）	4.25转/cm（纵密）
下摆（衫脚）圆筒	5.9支/cm（横密）	9.3转/cm（纵密）
领贴圆筒	5.45支/cm（横密）	9.3转/cm（纵密）
拉密（字码），身单边10支拉1 5/8英寸（4.13cm）　　　衫身拉力：1转=0.169英寸（0.43cm）		
衫脚圆筒，面10支拉1 3/8英寸（3.49cm），底10支拉1 2/8英寸（3.14cm）		
领贴圆筒，10支拉1 3/8英寸（3.49cm）		

（四）工艺计算

1.后幅计算

（1）衫脚开针与胸阔开针数：后幅衫脚的组织是圆筒（双层纬平针），衫身组织是单边（单面纬平针），脚阔尺寸与胸阔尺寸同为46cm，衫脚与衫身平方支数相同，衫脚圆筒平方为5.9支×9.3转，衫脚开针用脚阔尺寸46cm×5.9支/cm=271.4（支）。胸阔针数为衫身单边平方5.9支×4.25转，用胸阔尺寸46cm×5.9支/cm=271.4（支），取271支。

（2）衫脚转数：衫脚高尺寸×衫脚纵密转=2cm×9.3转/cm=18.6（转），取19转。

（3）衫身总转数：（身长－衫脚高）×纵密=（58-2）×4.25=238（转）。

（4）膊斜转数：膊斜尺寸×纵密=2×4.25=8.5（转），取9转。

（5）夹阔直度转数：（夹阔直度尺寸-1.5）×纵密=（20-1.5）×4.25=78.625（转），取79转。

（6）夹上总转数：夹阔直度转数+膊斜转=79+9=88（转）。

（7）夹下转数：衫身总转数－夹上总转数=239-88=151（转）。

（8）腰直位转数：一般腰直位取3cm，上下各占1.5cm，腰直位转数=3×4.25=12.75（转），取13转。

（9）腰直位下转数：（身长 – 腰距 – 衫脚高 – 腰直位转数/2）× 纵密 =（58 – 35 – 2 – 3/2）× 4.25=82.875（转），取83转。

（10）腰直位上转数：夹下转数 – 腰直位转数 – 腰直位下转数 =150 – 13 – 83=54（转）。

（11）收夹转数：夹阔直度尺寸 × 35% × 纵密 =20 × 0.35 × 4.25=29.75（转），取30转。

（12）袖尾缝合位转数：袖尾尺寸（经验值）/2 × 纵密 =8/2 × 4.25=17（转）。

（13）收夹花上直位转数：夹阔直度转数 – 收夹转数 – 袖尾缝合位转数 =79 – 30 – 17=32（转），织完32转在夹两边针的位置做记号，方便缝合时对记号缝。

（14）后领深转数：（后领深尺寸 – 0.5）× 纵密 =（2 – 0.5）× 4.25=6.375（转），取7转。

（15）腰阔针数：腰阔尺寸 × 横密 =42 × 5.9=247.8（支），由于开针数是单数，腰阔尺寸针数取247支。

（16）腰位每边收针计算：（胸阔针数 – 腰阔针数）/2=（271 – 247）/2=12（支），因每次收针1支，等于收12次。

已知腰直位下转数是83转，每边需要收12支针，83÷12=6.9167（转），由于6.9167转不是整数，需要分段收针。因6转<6.9167转，此段分为两段收腰，收腰遵循先慢后快的原则，可分为7-1-?、6-1-?。0.9167 × 12=11.00（次），织完衫脚过衫身先平摇，得出先平摇7转、7（转）-1（支）-11（次=支）、6（转）-1（支）-1（次=支）总共收针12次（支）。

编织设计顺序遵循自下而上、先慢后快原则，得出腰位收针工艺如下：

6-1-1

7-1-11

7转

（17）腰位每边加针计算：（胸阔针数 – 腰阔针数）/2=（271 – 247）/2=12（支），因每次加针1支，等于加12次。

已知腰直位上转数是54转，根据弯夹肩缝套头衫板型原理，以先快后慢原则，并考虑夹下直位需要保留3cm直位平摇转数。每边需要加12支针，织完腰直位转数13转即执行加针，腰直位上转数54转 – 夹下直位13转=41转，每边加针12次 – 织完腰直位即执行加针1次（12-1）=11（次）。41÷11=3.727（转），由于3.727转不是整数，需要分段加针。因3转<3.727转，所以可分为两段加腰，加腰遵循先快后慢原则，可分为3+1+?、4+1+?。0.727转 × 11次=8次，得出3（转）+1（支）+4（次=支）、4（转）+1（支）+8（次=支）总共加针为12次（支）。

编织设计顺序遵循自下而上、先快后慢原则，得出加腰工艺如下：

13转

4+1+8

3+1+4

（18）肩阔针数及收夹计算：肩阔尺寸 × 横密 × 修正值 =35 × 5.9 × 0.94=194.11（支），由于胸阔针数是单数，肩阔针数取195支。肩阔修正值因在洗水（后整理）过程中，肩部会受到袖子牵拉的影响，使肩宽尺寸变宽，影响针织衫的质量。在计算肩宽工艺时，要根据袖型、肩阔尺寸的大小、袖子尺寸的长短、衫身织物组织结构、密度等情况，乘以不同的修正值（减少不同的肩阔尺寸）来计算肩阔尺寸，从而达到设计尺寸及质量要求。

已知胸阔针数是271支，肩阔针数是195支，（胸阔271支－肩阔195支）÷2＝每边减针38支，为了使羊毛衫更能适合体型，在腋下收夹前每边套针1.5~2cm针，弯夹衫至少分三段收夹，夹收针以先快后慢原则，先夹底套针9支，织1转开始收夹。用每边收针38支－套针9支＝29支，每次收针2支来计算是14.5次，取整为15次。按照上面计算得出收夹总转数是30转，每边收针29支。因是夹边套完针先织1转收夹，减针15次，用30转减1转＝29转，减针减少1次＝14次。29转÷14次＝2.0714转，因2<2.0714<3，如果分两段收夹得出2转减的次数多，3转减的次数少，0.071×14次＝1次，分两段收夹得出，套完针织1转收夹，2-2-14、3-1-1。根据弯夹衫收夹原理，至少分三段收夹，收夹以先快后慢原则，可分为0-2-1、1.5-2-?、2-2-?、3-2-?、3-1-1。在分两段收夹的基础上，进行三段收夹推算得出，套完针织1转收夹，0-2-1、1.5-2-4、2-2-7、3-2-2、3-1-1。

编织设计顺序遵循自下而上、先快后慢原则，得出收夹工艺如下：

3-1-1（4支边）

3-2-2（4支边）

2-2-7（4支边）

1.5-2-5（4支边）

1转

夹边套针9支

（19）领阔针数计算：（领阔尺寸－1.5~2）×横密＝（20-1.8）×5.9＝107（支），领阔会受袖子牵拉的影响而变大，在计算领阔时，可将领阔按照一定的比例做小，如用领阔尺寸×（90%~95%）或者领阔尺寸－（1.5~2）。

（20）单肩阔计算：（肩阔针数－领阔针数）/2＝（195-107）/2＝44（支）。

已知膊斜是9转，单肩针数是44支。膊斜一般采用停针方法，1转停1次，呈阶梯状，停完后要齐织1转，方便缝盘（套口）锁眼。第一次停针不计转数，实际停针的转数是：膊斜总转数－齐织1转＋第一次停针＝9-1＋1＝9（转），44÷9＝4.889（支），因除完后有余数，可分为1-4-?、1-5-?。停针能分一段，则分一段，不能分一段可分两段停针。0.889×9＝8（支），得出5支针的需要停8次。

膊斜停针计算得出工艺如下：

齐织1转

1-5-8（停针）

1-4-1（停针）

（21）领底平位针数计算：领阔尺寸×（50%~60%）×横密＝20×0.5×5.9＝59（支）。

（22）后幅收领计算：领每边收针数 =（领阔针数 - 领底平位针数）/2=（107-59）/2=24（支）。后幅收领做分边织时，一般中落针后，要先织1转再收领，收完领后一般直位留2转。已知后幅领深7转，每边收领24支，计算收领时，用领深转数 - 直位转数 =7-2=5（转），实际在计算收领针数与转数时用5转减24支来计算，24（支）÷5=4.8（支），因除完后有余数，可分为0-5-1、1-5-？、1-4-？。后领收针一般以每一转收针。0.8×5=4（支），得出收5支的需要收4次，收4支的需要收1次。

后领收针计算得出工艺如下：

2转

1-4-1（套收）

1-5-4（套收）

1转

2. 前幅计算

（1）前幅衫脚开针一般比后幅多1~1.5cm针数，用脚阔尺寸（46 + 1.5）×5.9=280.25（支）。因后幅开针是单数，取281支。前胸阔针数，衫身单边平方5.9支×4.25转，用胸阔尺寸（46 + 1.5）×5.9=280.25（支），取281支。

（2）衫脚转数：衫脚高尺寸 × 衫脚纵密转 =2cm×9.3转/cm=18.6转，取19转。

（3）前衫身总转数：[身长 - 衫脚高 + 前片肩缝往后幅移（简称前走后）0.5]× 纵密 =（58-2 + 0.5）×4.25=240.125（转），取240转。为了让膊骨的缝位往后幅移（简称走后），前幅身长转数一般比后幅多加0.5cm，此尺寸加在前夹阔转数位置，所加尺寸转数在袖尾缝合位置。

（4）膊斜转数：膊斜尺寸 × 纵密 =2×4.25=8.5（转），取9转。

（5）前夹阔直度转数：（夹阔直度尺寸 -1.5 + 前走后0.5）× 纵密 =（20-1.5 + 0.5）×4.25=80.75（转），取81转。

（6）前夹上总转数：前夹阔直度转数 + 膊斜转 =81 + 9=90（转）。

（7）夹下转数：前衫身总转数 - 前夹上总转数 =240-90=150（转）。

（8）腰直位转数：一般腰直位取3cm，上下各占1.5cm，腰直位转数 =3×4.25=12.75（转），取13转。

（9）腰直位下转数：（身长 - 腰距 - 衫脚高 - 腰直位转数/2）× 纵密 =（58-35-2-3/2）×4.25=82.875（转），取83转。

（10）腰直位上转数：夹下转数 - 腰直位转数 - 腰直位下转数 =150-13-83=54（转）。

（11）收夹转数：夹阔直度尺寸 ×35% × 纵密 =20×0.35×4.25=29.75（转），取30转。

（12）前袖尾缝合位转数：[袖尾尺寸（经验值）/2 + 前走后尺寸]× 纵密 =(8/2 + 0.5)×4.25=19.125（转），取19转。

（13）收夹花上直位转数：前夹阔直度转数 - 收夹转数 - 前袖尾缝合位转数 =81-30-19=32（转），织完32转在此位置做记号，方便缝合时对记号缝。

（14）前领深转数：（前领深尺寸 + 前走后0.5）× 纵密 =（10 + 0.5）×4.25=44.625（转），取45转。

（15）前腰阔针数：（腰阔尺寸＋1.5）×横密＝（42＋1.5）×5.9=256.65（支），由于开针数是单数，腰阔尺寸针数取257支。

（16）腰位每边收针计算：（前胸阔针数－前腰阔针数）/2=（281-257）/2=12（支），因每次收针1支，等于收12次。前幅收腰与后幅相同。

（17）前腰位每边加针计算：（前胸阔针数－前腰阔针数）/2=（281-257）/2=12（支），因每次加针1支，等于加12次。前幅收腰与后幅相同。

（18）肩阔针数及收夹计算：肩阔尺寸×横密×修正值=35×5.9×94%=194.11（支），由于胸阔针数是单数，肩阔针数取195支。

已知胸阔针数是281支，肩阔针数是195支，（胸阔281支－肩阔195支）÷2=每边减针是43支，为了使羊毛衫更能适合体型，在腋下收夹前每边套针1.5~2cm针，弯夹衫至少分三段收夹，夹收针以先快后慢原则，先夹底套针9支，织1转开始收夹。用每边收针43支－套针9支=34支，每次收针2支来计算等于17次，即每次减2支共需要减17次。

按照上面计算得出收夹总转数是30转，每边收针34支。因是夹边套完针先织1转收夹，减针17次，用30转减少1转=29转，减针减少1次=16次。29转÷16次=1.8125，因1<1.8125<2，如果分两段收夹得出2转减的次数多，1转减的次数少，0.8125×16=13（次），分两段收夹得出，套完针织1转收夹，0-2-1、1-2-3、2-2-13。因分1转和2转来收夹太急，根据弯夹衫收夹原理，至少分三段收夹，收夹以先快后慢原则，可分为0-2-1、1.5-2-?、2-2-?、3-2-?。在分两段收夹的基础上，进行三段收夹，推算得出，套完针织1转收夹，0-2-1、1.5-2-10、2-2-4、3-2-2。

编织设计顺序遵循自下而上、先快后慢原则，得出收夹工艺如下：

3-2-2（4支边）

2-2-4（4支边）

1.5-2-11（4支边）

1转

夹边套针9支

（19）领阔针数计算：前领阔计算方法和针数与后幅相同。

（20）单肩阔计算：前幅单肩阔计算和针数与后幅相同。

（21）前领底平位计算：领阔尺寸×（30%~35%）×横密=20×0.3×5.9=35.4（支），取35支。

（22）前幅收领位计算：（领阔针数－前领底平位针数）/2=（107-35）/2=36（支）（领每边收针数）。前幅收领做分边织时，一般中落针后，要先织1转再收领，收完领要做直位，直位一般圆领占领深的35%。前幅领深×35%=45×0.35=15.75（转），取16转（收完领直位），每边收领36支，计算收领时，用领深转数－直位转数=45-16=29（转）。

圆领要做到圆顺，开始弧形就需要做大些，也就是开始收针转数要少，而收针针数要多，在计算前幅收领时，细针可以先固定收领1-3-4、1-2-3，粗针可以先固定收领1-2-3、2-2-2。减去领直位转数后收领是29转，减去先织1转，减去收领先固定收领的转数，实际上收领为29转－先织

1转 - 固定收领转=29-1-6=22（转）。每边收领针数36支-固定收领针数=36-18=18（支）。实际领位还剩22转、收18支，以每次收领2支来计算，还需要收9次。22÷9=2.444（转），由于2<2.444<3，可分为2-2-?、3-2-?。用0.444×9=3.996（次），取4次，而总共收领还需要收9次，得出9-4=5（次）。

编织设计顺序遵循自下而上、先快后慢原则，得出前幅收领工艺如下：

16转

3-2-4（无边）

2-2-5（无边）

1-2-3（套收）

1-3-4（套收）

1转

中落35支

3.袖子计算

（1）袖口阔开针：袖口阔×2×105%×横密=10×2×1.05×5.9=123.9（支），由于袖子开针一般取单数，因此取125支。

（2）袖阔针数：袖阔尺寸×2×105%×横密=15×2×1.05×5.9=185.85（支），由于袖子开针数为单数，袖阔取187支。

（3）袖尾阔针数：女装弯夹衫袖尾一般做8cm，8×5.9=47.2（支），取49支。为了方便缝合时对记号，中间需要做挑吼或者是做其他记号。

（4）袖长膊边度总转数：（袖长膊边度-袖嘴高）×95%修正值×4.25转=（55-2）×0.95×4.25=213.99（转），取214转。

（5）袖山高转数：（后幅夹阔直度转数-后幅袖尾缝合位转数）×95%=（79-17）×0.95=58.9（转），取59转。如果是间色的款式，需要对间色缝合，袖山高就不能做少转数。

（6）袖夹下转数：袖身总转数-袖山高转数=214-59=155（转）。

（7）袖嘴高转数：袖嘴高尺寸×罗纹纵密×95%=2×9.3×0.95=17.67（转），取18转。

（8）袖每边加针数：（袖阔针数-袖口阔开针数）/2=（187-125）/2=31（支），因每次加针1支，等于加针31次。

（9）袖收夹针数：袖阔针数-袖尾阔针数=187-49=138（支）。

（10）袖子加针计算：袖夹下转数-袖底直位［一般在量袖阔的时候，在夹下2.5cm处量，袖底直位一般会做3cm长（3cm×4.25转/cm=13转）］袖子加针=155-13=142（转）。袖子加针是142转，袖每边加针是31支。根据袖子尺寸及常规袖型原理，以先快后慢加针原则，袖子加针先平摇，再开始加针。142÷31=4.58（转），由于4<4.58<5，可分为4+1+?、5+1+?。用0.58×31=17.98（次），取18次，总共加针是31次，得出31-18=13（次）。

编织设计顺序遵循自下而上、先快后慢原则，得出袖子加针工艺如下：

13转

5 + 1 + 18

4 + 1 + 13

4转

（11）袖收夹计算：已知袖收夹针数是138支，袖夹底每边套针9支，（袖收夹针数－袖夹底平位套针×2）/2=（138-9×2）/2=60（支）（袖每边收针数）。为了使羊毛衫更能适合体型，一般袖子在收夹前套针需要和前后幅相同。普通弯夹衫袖型收夹以先慢后快原则，收夹后袖山斜线呈现一定的弧度，弯夹衫袖型收夹可分三段、四段或是五段。在袖夹结尾处，需要收2~4次无边花（一般无边花每边收1.5~2cm阔的针数，结尾有一定的弯度，缝合后更顺贴），在计算袖夹时，细针袖尾可以先固定，1-2-2（2转4支）、1-3-2（2转6支）、收完无边花后织2转。粗针可以先固定，1-2-2或者1-2-3，收完无边花织2转。夹底套完针后织1转开始收夹，先慢后快，可先设定3-2-10（27转20支，由于是先织1转收夹，需要减少1次收针来计转数）。

已知袖山高是59转，减去收完无边后花织2转、减去无边花4转、减去套完针后织1转、减去先设定收夹的27转，袖山减去上述转数还剩下25转。已知袖减去夹底平位套针后，每边收针数60支，减去收无边花10支、减去先设定收夹针数20支，袖减去上述针数还剩下30支。按照每次收夹3支来计算，30÷3=10（次），25÷10=2.5（转），由于2<2.5<3，如果这个位置分两段收夹计算，用0.5×10=5（次），得出：3-3-5、2-3-5。

编织设计顺序遵循自下而上、先慢后快原则，得出袖收夹工艺如下：

2转

1-3-2（套收）

1-2-2（套收）

2-3-5（4支边）

3-3-5（4支边）

3-2-10（4支边）

1转

夹边套针9支

4. 领贴计算

按照样板生产通知单和打小样得出，领贴的组织结构和密度与衫脚相同。

（1）领贴高计算：领贴高×领纵密=2×9.3=18.6（转），取19转。为方便缝合，织完19转后还需要放眼1转。

（2）在计算圆领周长时，可采用分段来计算，并考虑每段的缝合记号，如图7-13所示。

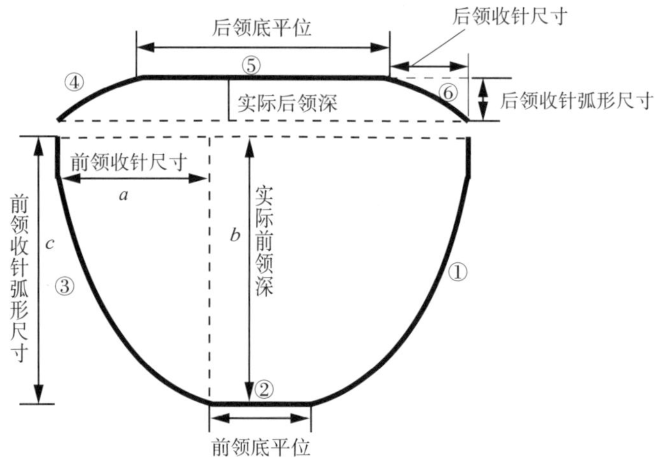

图7-13　圆领分段图形

（3）领贴在对应的位置需要做记号，方便缝合。圆领缝合接口位置在针织衫穿起计左边，按照图中顺序做记号。由前幅膊顶往下缝合开始做记号。

（4）前领收针a尺寸：（实际领阔－前领底平位尺寸）/2=（18-5.9）/2=6.05（cm）。

（5）前领b尺寸：实际前领深＝转数÷纵密=45÷4.25=10.588（cm）。

（6）前领收针弧形c尺寸：$\sqrt{6.05^2+10.588^2}\times1.09$（弧线比直线长，乘以约109%的系数）=13.292（cm）。

（7）前领收针弧形记号：前领收针弧形尺寸×领横密=13.292×5.45=72.441（支），取73支。

（8）前领底平位记号：前领底平位尺寸×领横密=5.9×5.45=32.155（支），取32支。

（9）后领收针a尺寸：（实际领阔－后领底平位尺寸）/2=（18-10）/2=4（cm）。

（10）后领b尺寸：实际后领深＝转数÷纵密=7÷4.25=1.647（cm）。

（11）后领收针弧形c尺寸：$\sqrt{4^2+1.647^2}\times1.04$（弧线比直线长，乘以约104%的系数）=4.4988（cm）。

（12）后领收针弧形记号：后领收针弧形尺寸×领横密=4.4988×5.45=24.518（支），取25支。

（13）后领底平位记号：后领底平位尺寸×领横密=10×5.45=54.5（支），取55支。

（14）领开针数：根据以上前、后领每个部位的缝合针数计算，按图7-13中标识的顺序①②③④⑤⑥得出：73＋32＋73＋25＋55＋25=283（支）。

根据以上算法，结合所有数据，计算领贴如下（通常中间位置有对应的缝合记号，用"."来表示，每个"."为一支针位记号，代表1支针）。

72.32.72.24.54.24=283支

放眼1转，毛2转，间纱完

圆筒1条毛　　19转

（1条）领贴：开283支结上梳

（五）工艺单

根据以上分析和计算，结合所有数据，进行工艺归纳，如图7-14所示。

针织有限公司–编织规格表

生产编号：（初办）（款式编号：JF2022001）　　　开单人：　　　下数师傅：

尺码 M　　　（客户名称：）

女装圆领平膊弯夹长袖衫–单边

量度单位：cm	
胸阔	46.0
肩阔	35.0
身长	58.0
夹阔直度	20.0
膊斜	2.0
领阔	20.0
前领深	10.0
后领深	2.0
腰阔	42.0
腰距	35.0
下脚阔	46.0
领贴高	2.0
衫脚高	2.0
袖嘴高	2.0
袖口阔	10.0
袖长膊边度	55.0
袖阔	15.0

前后幅袖（针号：12针）
毛料：1条毛
组织：单边
面字码：10支拉1 5/8 英寸
平方：5.9支×4.25转（0.169）

衫脚及袖嘴（圆筒）
毛料：1条毛
面字码：10支拉1 3/8 英寸
底字码：10支拉1 2/8 英寸
平方：9.3 转

每打落机重量（克）	毛料名称
前幅重	1条2/26 支腈纶
后幅重	
袖重	
领贴重	
其他	
总重	
复核人	

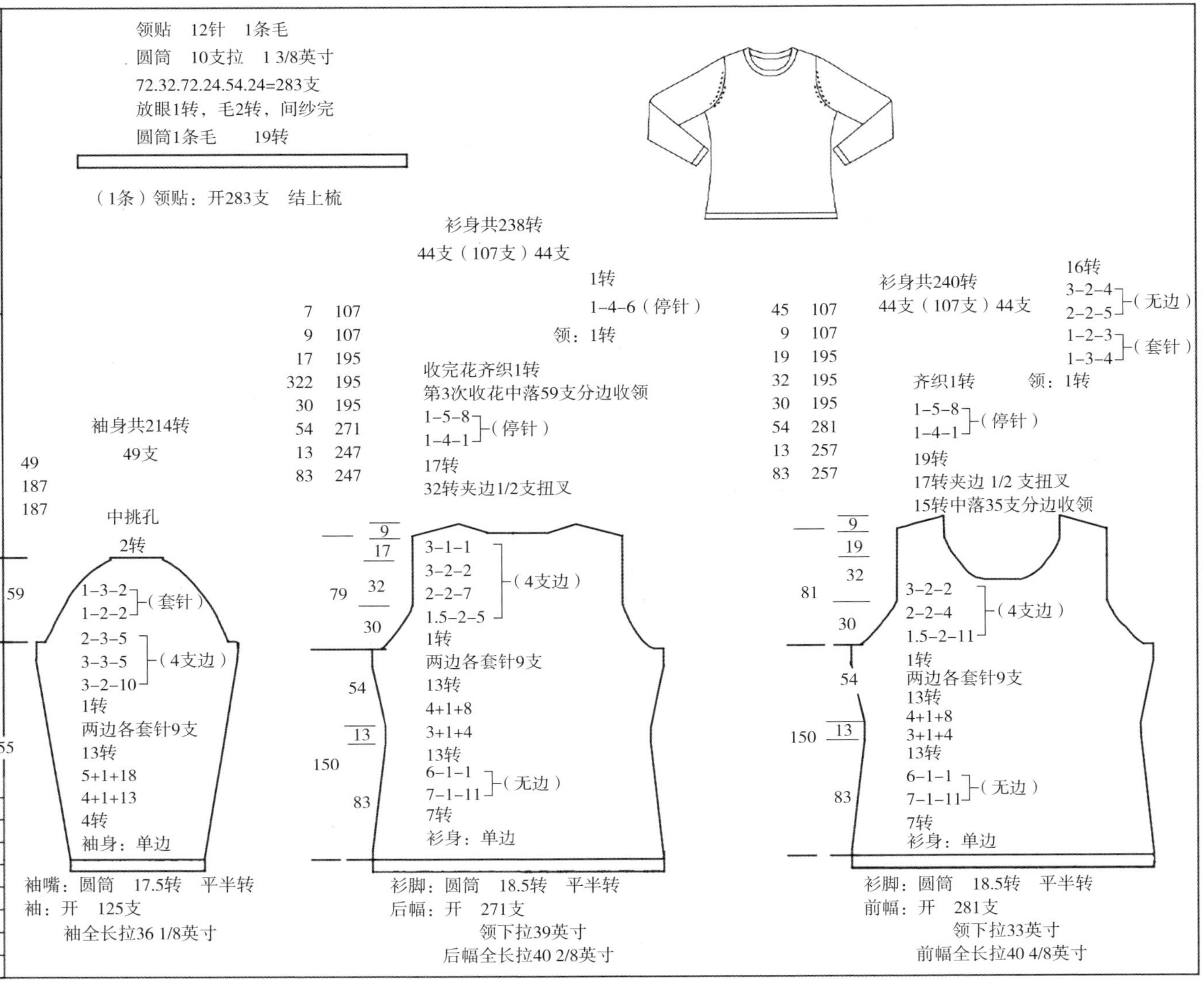
领贴　12针　1条毛
圆筒　10支拉　1 3/8英寸
72.32.72.24.54.24=283支
放眼1转，毛2转，间纱完
圆筒1条毛　　19转
（1条）领贴：开283支　结上梳
袖身共214转
49支
59　49
13　187
142　187
中挑孔
2转
59
1–3–2
1–2–2
（套针）
2–3–5
3–3–5
3–2–10
（4支边）
1转
两边各套针9支
13转
5+1+18
4+1+13
4转
袖身：单边
155
袖嘴：圆筒　17.5转　平半转
袖：开　125支
袖全长拉36 1/8英寸
衫身共238转
44支（107支）44支
1转
1–4–6（停针）
领：1转
7　107
9　107
17　195
322　195
30　195
54　271
13　247
83　247
收完花齐织1转
第3次收花中落59支分边收领
1–5–8
1–4–1
（停针）
17转
32转夹边1/2支扭叉
9
17
79
32
30
3–1–1
3–2–2
2–2–7
1.5–2–5
（4支边）
1转
两边各套针9支
13转
4+1+8
3+1+4
13转
6–1–1
7–1–11
（无边）
7转
衫身：单边
54
13
150
83
衫脚：圆筒　18.5转　平半转
后幅：开　271支
领下拉39英寸
后幅全长拉40 2/8英寸
衫身共240转
44支（107支）44支
16转
3–2–4
2–2–5
（无边）
1–2–3
1–3–4
（套针）
齐织1转　　领：1转
45　107
9　107
19　195
32　195
30　195
54　281
13　257
83　257
1–5–8
1–4–1
（停针）
19转
17转夹边 1/2 支扭叉
15转中落35支分边收领
9
19
81
32
30
3–2–2
2–2–4
1.5–2–11
（4支边）
1转
两边各套针9支
13转
4+1+8
3+1+4
13转
6–1–1
7–1–11
（无边）
7转
衫身：单边
54
150
13
83
衫脚：圆筒　18.5转　平半转
前幅：开　281支
领下拉33英寸
前幅全长拉40 4/8英寸

图7–14　女装圆领平膊弯夹长袖套头衫工艺

二 \ 女装 V 领尖膊（插肩）长袖套头衫生产工艺

（一）款式特征分析

女装 V 领尖膊长袖套头衫（吉水南发服装有限公司的客户订单），款式如图 7-15 所示。根据平面图分析，此款是 V 领尖膊套头衫，前身、后身与袖子采用 2 色芝麻底提花编织，前身下摆、后身下摆和袖口采用 2×1 罗纹组织，领贴 2×1 + 双层纬平针包缝。按客户要求此产品用 1 条 2/48 支 50%R22%N28%P 粘尼涤包芯纱，12 针横机编织。

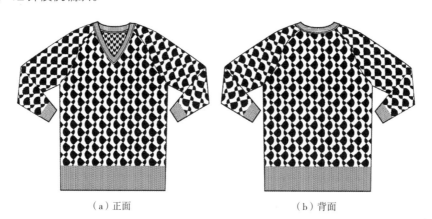

（a）正面　　　　　　　　　　　　　（b）背面

图 7-15　女装 V 领尖膊长袖套头衫

（二）成品规格制定

根据产品分析，先制定初样 M 码的成品规格尺寸，见表 7-3。

表 7-3　女装 V 领尖膊长袖套头衫规格尺寸表　　　　　　单位：cm

部位	胸阔	身长	夹阔	领阔	前领深	后领深	领贴高	袖长	袖阔
尺寸	46	60	24	19	17	2.5	2.3	65	16

（三）密度确定

根据款式分析打小样，取得下面小样信息，见表 7-4。

表 7-4　女装 V 领尖膊长袖套头衫小样参数表

身 2 色芝麻底提花（1 条毛）	6.7 支 /cm（横密）	4.909 转 /cm（纵密）
下摆（衫脚）2×1（2 条毛）	7.19 支 /cm（横密）	5.04 转 /cm（纵密）
领贴 2×1（2 条毛）	7.1 支 /cm（横密）	5.3 转 /cm（纵密）
领贴圆筒（1 条毛）	7.2 支 /cm（横密）	11.7 转 /cm（纵密）
拉密（字码），身 1 条毛，2 色芝麻底提花 10 支拉 4.7cm　衫身拉力：1 转 =0.222 英寸（10.56cm）		
衫脚 2×1（2 条毛），4 坑拉 5.3cm（指面 4 坑，底 3 坑，横拉）		
领贴 2×1（2 条毛），4 坑拉 5.3cm（指面 4 坑，底 3 坑，横拉）		
领贴圆筒（1 条毛），10 支拉 3.8cm		

（四）工艺计算

1.后幅计算

（1）衫脚开针与胸阔开针数：后幅衫脚的组织是2×1罗纹，用2条纱线编织。衫身组织是2色芝麻底提花，用1条纱线编织。脚的组织与身的组织不同，平方支数也不同，脚阔尺寸×脚横密=43×7.19=309.17（支），取309支，细针2×1罗纹组织开面1支包，2×1罗纹组织是前后两个针床的针槽相间排列（即针对齿），是2个平针组织正面线圈纵行和2个平针组织反面线圈纵行组成的最小单元组织。在前后针床上分别以2针空1针相错排列，每组为3支针。开针数为309支，开针数是3的倍数，得出可以开面1支包。胸阔尺寸×身横密=46×6.7=308.2（支），取309支。

（2）衫脚转数：衫脚高尺寸×衫脚纵密转6×5.04=30.24（转），取30转。

（3）后幅衫身总转数：（身长−衫脚高−后领深）×纵密=（60-6-2.5）×4.909=252.81（转），取253转。

（4）后幅夹阔转数：（夹阔后中垂直度尺寸−后领深）×纵密=（24-2.5）×4.909=105.54（转），取106转。

（5）夹下转数：后身总转数−后幅夹阔转数=253-106=147（转）。

（6）后领深转数：后领深尺寸＝袖尾走后尺寸，算工艺时不用算后领深转数。一般尖膊衫后领深为2~3cm，而尖膊衫的领按照后领、袖尾、前领、袖尾依次组合而成。袖尾一般定8cm左右，其中袖尾走前占8×0.65=5.2（cm），袖尾走后占8×0.35=2.8（cm）。袖尾走后的尺寸可以直接定后领深。

（7）后领阔针数：后领实际领阔一般比领阔尺寸减小5~6cm，（领阔−5.2）×横密=（19-5.2）×6.7=92.46（支），由于胸阔为单数，后领阔取93支。

（8）后幅每边夹收针数：（胸阔针数−后领阔针数）/2=（309-93）/2=108（支）（夹每边收针数）。

（9）后幅收夹计算：做收夹时，通常夹底先套针1.5~2cm阔尺寸针数。结合平方，夹底先套针10支。108-10=98（支），收针为每次收2支来计算，98÷2=49（次）。套针后织1转再收夹，收完夹结尾织2转，等于后幅夹阔转数106-1-2=103（转）。103÷48（因套完针织1转即收1次）=2.145（转），用0.145×48=6.96（次），取7次。

编织设计顺序遵循自下而上、先慢后快原则，得出收夹工艺如下：

过面单边1转（因组织结构是提花，最后需要过面单边1转，方便缝合时锁眼）

2转

2-2-41（无边，提花组织收夹选无边）

3-2-8（无边，提花组织收夹选无边）

1转

夹边套针10支

2.前幅计算

（1）前幅衫脚与前幅胸阔开针数：（胸阔尺寸＋1）×6.7=(46＋1)×6.7=314.9（支），取315支。

（2）衫脚转数：同后幅衫脚转数。

（3）前幅衫身总转数：[身长－衫脚高－袖尾走前尺寸（袖尾阔×65%）]×纵密＝（60－6－8×0.65）×4.909=239.56（转），取240转。

（4）前幅夹阔转数：（夹阔后中垂直度尺寸－袖尾走前尺寸）×纵密＝（24－8×0.65）×4.909=92.29（转），取93转。

（5）前幅夹下转数：同后幅夹下转数。

（6）前领深转数：（前领深尺寸－袖尾直前尺寸＋0.5）×纵密＝（17－5.2＋0.5）×4.909=60.38（转），取60转。

（7）前领阔针数：前领实际领阔一般比领阔尺寸减小3~4cm，（领阔－3）×横密＝（19－3）×6.7=107.2（支），由于胸阔为单数，前领阔取107支。

（8）前幅领底平位计算：V领底平位，领是双层领，前领底平位做中留1支收假领。

（9）前领每边收针数：尖膊衫做V领收假领，一般只做两阶级收，因袖尾走前幅占65%，收完领织直位就放在袖尾走前部分。收完领最后留大约1cm阔平位，根据平方收完领留6支。（前领阔针数－中留针）/2=每边收领针数＝（107－1）/2=53，即每边收领53支。用每边收领针数－收完领留针数－留针后即收领1次=53－6－1=46（支）。

（10）前幅收领计算：前幅领位60转－收完领直位2转＝58转。每边收领46支，每次收领2支，等于收23次。得出前幅收假领工艺如下：

尾剩针6支

2转

3-2-12

2-2-12

中留1支收假领

（11）前幅每边收夹针数：（前胸阔针数－前领阔针数）/2=（315－107）/2=104（支）（夹每边收针数）。

（12）前幅收夹计算：收夹方法同后幅。得出收夹工艺如下：

2转

1-2-2（无边，提花组织收夹选无边）

2-2-45（无边，提花组织收夹选无边）

1转

夹边套针10支

3.袖子计算

（1）袖口阔开针：袖口阔×2×125%×横密＝9.5×2×1.25×6.7=159.125（支），取159支。

（2）袖阔针数：袖阔尺寸×2×105%×横密＝16×2×1.05×6.7=225.12（支），取225支。

（3）袖尾阔尖膊衫一般做7~8cm阔，8×横密＝8×6.7=53.6（支），取53支。尖膊衫袖尾分给前后幅做领圈，为了让领型好看，在做袖尾的时候，折前领的袖尾做停针。为了后夹斜顺，大袖尾一般比袖尾做大1~2cm，这里做大1.2cm，收针支数=53＋8=61（支）。

（4）袖长领边度袖身转数计算：（袖长领边度－袖嘴高）×直密×98％＝（65-3）×4.909×0.98=298.27（转），取298转。

（5）袖山高计算：尖膊衫袖山高需要分左右织，与前夹缝合的叫"前袖山高"，尺寸及转数同前夹阔一样做93转。与后夹缝合的叫"后袖山高"，尺寸及转数同后夹阔一样，后夹阔转数＝前夹阔转数＋大袖尾至袖尾斜位停针转数=93+13=106（转）。

（6）袖夹下转数：袖身转数－袖山后夹阔转数=298-106=192（转）。

（7）袖嘴高转数：袖嘴高尺寸×罗纹纵密×95％=3×5.04×0.95=14.364（转），取14转。

（8）袖每边加针数：（袖阔针数－袖口阔开针数）/2=（225-159）/2=33（支）。

（9）袖子加针计算：袖夹下转数－袖底直位=192-15=177（转）。袖每边加针是33支。得出袖子加针工艺如下：

15转

6＋1＋12

5＋1＋21

5转

（10）袖夹收针计算：（袖阔针数－大袖尾针数）/2=（225-61）/2=82（支），根据尖膊衫袖夹收夹先快后慢原则，推算得出袖收夹工艺如下：

3转

3-2-19（无边，提花组织收夹选无边）

2-2-17（无边，提花组织收夹选无边）

1转

夹边套针10支

尖膊衫一般袖尾折65％到前幅，前幅收完领一般有2cm直位放在袖尾，选择停针方法来做，1-13-1。后袖山高比前袖山高多13转，大袖尾到小袖尾有8支放在后袖山收夹，按每次收2支来计算，后袖山收夹4次，收完针后要编织几转直位，即13÷4=3.25（转）。即直位取4转，后夹第一次收针不计转数，4次减少1次得3次，总共13-4=9（转），得出3-2-3，加上第一次收针，即3-2-4，尾4转。

因袖尾分左右织，左右两边织法不一样，袖尾做停针，最后一般会保留2支或者留最后一次停针数。综合上述，袖尾53支，减2支，减前领直位2cm的针数［2×6.7=13.4（支），取13支］，53-2-13=38（支），停针13转，1转停1次，呈阶梯状，因袖身组织结构是提花，铲针后需要过面单边齐织1转，方便缝盘（套口）锁眼。第一次停针不计转数，实际停针转数是大袖尾至袖尾停针转数－过单边齐织1转，13-1=12（转）。以38支12转来计算，38÷12=3.1667（支），因除完后有余数，一般情况下，铲针先做支数多的，再做支数少的，可分为1-3-?、1-4-?。0.1667×12转得出停针4支的需要停2次。第一次停针2cm直位为1-13-1。袖尾停针计算得出工艺如下：

过面单边织1转

1-3-10（停针）　　4转

1-4-2（停针）　　3-2-4

1-13-1（停针）

以上分前后夹收

4.领贴计算

（1）领贴高2×1罗纹计算：（领贴高−领贴圆筒高）×领贴纵密＝
（2.3-0.6）×5.3=9.01（转），取9转。织8.5转后，需前后针床顶
满针，织圆筒1转，再调紧密度织平半转。

（2）领贴高圆筒罗纹计算：领贴圆筒高×领贴圆筒纵密＝
0.6×11.7=7.02（转），取7转。

（3）在计算V领长度时，可采用分段来计算，并考虑每段的缝合
记号，如图7-16所示。

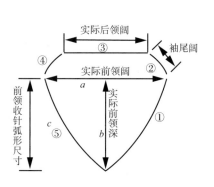

图7-16　尖膊款V领分段图形

（4）V领的缝合接口在前幅V底正中位，V领的中心处两个接口
需要挑撞（手缝）对支来挑。按照图中顺序记号，由前幅中位往膊位缝合开始做记号。

（5）前领收针a尺寸：（领阔尺寸−修正值）/2=（19-3）/2=8（cm）。

（6）前领深b尺寸：前领深尺寸−袖尾走前尺寸=17-5.2 + 0.5=12.3（cm）。

（7）前领收针弧形c尺寸：$\sqrt{8^2+12.3^2}$×1.03（弧线比直线长，乘以约103%的系数）=15.11（cm）。

（8）前领收针弧形针数：前领深尺寸×领横密=15.11×7.2=108.79（支），取109支。

（9）袖尾斜位尺寸：袖尾尺寸做8cm，袖尾做铲针有斜位，用袖尾尺寸×104%系数＝
8×104%=8.32（cm）。

（10）袖尾斜位针数：袖尾斜位尺寸×领横密=8.32×7.2=59.9（支），取60支。

（11）后领平位尺寸：领阔尺寸-5.2=19-5.2=13.8（cm）。

（12）后领平位针数：后领平位尺寸×领横密=13.8×7.2=99.36（支），取100支。

（13）领开针数：根据以上前、后、袖尾每个部位的缝合针数计算，按图7-16所示顺序①②③④⑤得
出：109 + 61 + 99 + 61 + 109=439（支）。V领开针数需要开底包，两边对称，领开针选439支针，开底
1支包。2×1罗纹组织是2支空1支为一个循环，开针数÷3，余数是0.333，则是开底1支包。

根据以上算法，结合所有数据，计算领贴如下。

108.60.99.60.108=439支

放眼1转，毛2转，间纱完

圆筒　7转

顶密针，圆筒1转，结平半转

2×1　8.5转

结上梳，圆筒1转

（1条）领贴：开439支　底1支包

（五）工艺单

根据以上分析和计算，结合所有数据，进行工艺归纳，如图7-17所示。

开单人：

下数师傅：

针织有限公司—编织规格表
生产编号：（初办）（款式编号：JF2022003）

（客户名称：）

尺码 M
女装V领尖膊长袖衫，全件2色芝麻提花
量度单位：cm

量度部位	cm
胸阔	46.0
身长	60.0
夹阔中垂	24.0
袖阔	16.0
袖口阔	9.5
袖嘴高	3.0
下脚阔	43.0
衫脚高	6.0
领阔	19.0
前领深	17.0
后领深	2.5
领贴高	2.3
领贴圆筒高	0.6
袖长领边高度	65.0

前后幅阔（针号：12针）
毛料：1条毛
组织：2色芝麻底提花
面字码：10支拉4.7cm
平方：6.7支×4.909转
（0.222）

衫脚及袖嘴（2×1）
毛料：B色2条毛
面字码：4支拉5.3cm
平方：5.04转

每打落机重量（克）

毛料名称	
前幅重	
后幅重	
袖重	
领贴重	
其他	
总重	
复核人	

A 1条2/48支50%R22%N28%
P粘漆包芯纱
B 2条2/48支50%R22%N28%
P粘漆包芯纱

领贴 12针 B色 2条毛
圆筒 10支拉 3.8cm
2×1 4坑拉 5.3cm
108.60.99.60.108=439支

放眼1转，毛2转，同纱完
圆筒 7转
顶密针，结圆筒1转，结平半转

2×1 8.5转
结上梳，圆筒1转
（1条）领贴：开439支 底1支包

袖身共298转
53支
4转 3-2-4
过面单边再织1转
1-3-10
1-4-2（停针）
1-13-1
13
93 61
15 225
177 225
以上分前后夹收
3转
3-2-19
2-2-17
1转
两边各套针10支
15转
6+1+12
5+1+21
5转
袖身：2色芝麻底提花1条毛
袖嘴：2×1 B色2条毛14转
开 159支 面1支包圆筒1转
袖：分左右织
袖全长拉 66 1/8英寸

衫身共253转
93转
过面单1转
2转
2-2-41
3-2-8
1转
两边各套针10支
147转
衫身：2色芝麻底提花1条毛
93
309
106
147
60 107
93 107
147 315
衫脚：2×1 B色2条毛30转
后幅：开309支 面1支包圆筒1转
后幅全长拉 56 3/8英寸

衫身共240转
107转
领：6支 2转 3-2-12 2-2-12
收完花2转
第17次收花中留1支收假领
1-2-2
2-2-45
1转
两边各套针10支
147转
衫身：2色芝麻底提花1条毛
60 107
93 107
147 315
衫脚：2×1 B色2条毛30转
前幅：开315支 面1支包圆筒1转
前幅全长拉 53 2/8英寸

图7-17 女装V领尖膊长袖套头衫工艺

三 男装圆领马鞍膊长袖套头衫生产工艺

（一）款式特征分析

男装圆领马鞍膊长袖套头衫（吉水南发服装有限公司的客户订单），款式如图7-18所示。根据平面图分析，此款是圆领马鞍膊套头衫，前身、后身与袖子采用1×1菠萝打花编织，前身下摆、后身下摆和袖口采用1×1罗纹组织，领贴双层1×1罗纹包缝。按客户要求此产品用1条2/26支70%羊毛、30%羊绒，12针横机编织。

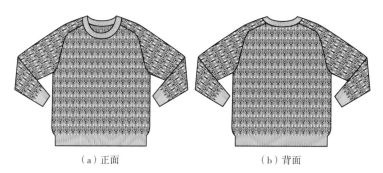

（a）正面　　　　　　　　　　（b）背面

图7-18　男装圆领马鞍膊长袖套头衫

（二）成品规格制定

根据产品分析，先制定初样M码的成品规格尺寸，见表7-5。

表7-5　男装圆领马鞍膊长袖套头衫规格尺寸表　　　　　　　　　　单位：cm

部位	胸阔	身长	夹阔	领阔	前领深	后领深	领贴高	袖长后中量	袖阔
尺寸	51	69	26	19	9	2	2	80	17

（三）密度确定

根据款式分析打小样，取得下面小样信息，见表7-6。

表7-6　男装圆领马鞍膊长袖套头衫小样参数表

身1×1菠萝打花	5.62支/cm（横密）	6.25转/cm（纵密）
下摆（衫脚）1×1	6.979支/cm（横密）	5.5转/cm（纵密）
领贴1×1（双层）	6.8支/cm（横密）	12转/cm（纵密）
拉密（字码），身1×1菠萝打花10支拉3 5/8英寸（9.21cm）　底字码20粒直拉2 4.5/8英寸（6.60cm）　衫身拉力：1转=0.13英寸（0.33cm）		
衫脚1×1　10支拉2 5/8英寸（6.67cm，指面10支，底9支，横拉）		
领贴1×1　10支拉2 5/8英寸（6.67cm，指面10支，底9支，横拉）		

（四）工艺计算

1. 后幅计算

（1）衫脚开针与胸阔开针数：后幅衫脚组织是 1×1 罗纹，衫身组织是 1×1 菠萝打花。脚的组织与衫身组织不同，平方数也不同，脚阔尺寸 × 脚横密 =48×6.979=334.992（支），取 335 支。细针 1×1 罗纹组织开面 1 支包，即面针数为 335 支，底针数为 334 支。胸阔尺寸 × 身横密 =51×5.62=286.62（支），取 287 支。计算得出脚阔比胸阔针数多了 48 支，多出的针数在衫脚过衫身组织时，采用平均缩针的方法来完成，缩完 48 支后与胸阔针数相同。

（2）衫脚转数：衫脚高尺寸 × 衫脚纵密转数 =6×5.5=33（转）。

（3）马鞍阔一般做 8~9cm 阔，马鞍阔走前一般占 75%，走后一般占 25%。此工艺马鞍阔按 9cm 计。

（4）马鞍阔走后尺寸：马鞍阔 ×0.25=9×0.25=2.25（cm）。

（5）后幅衫身总转数：（身长 - 衫脚高尺寸 - 马鞍阔走后尺寸 ×70%）× 纵密 =（69-6-2.25×0.7）×6.25=383.91（转），取 384 转。

（6）后夹阔领边垂直度转数：（夹阔领边垂直度 - 马鞍阔走后尺寸 ×70%）× 纵密 =（26-2.25×0.7）×6.25=152.66（转），取 152 转。

（7）夹下转数：后幅衫身总转数 - 后夹阔领边垂直度转数 =384-152=232（转）。

（8）后肩阔尺寸：胸阔 ×0.75=51×0.75=38.25（cm）。

（9）后肩阔针数：后肩阔尺寸 × 横密 =38.25×5.62=214.96（支），取 215 支。

（10）后领阔尺寸：领阔 - 马鞍阔走后尺寸 ×60%×2-0.8cm=19-2.25×0.6×2-0.8=15.5（cm）。领阔受到袖子牵拉的影响而变大，计算领阔时，将领阔按照一定的比例做小 0.8cm 阔尺寸。

（11）后领阔针数：后领阔尺寸 × 横密 =15.5×5.62=87.11（支），取 87 支。

（12）后幅每边收膊针数：（后肩阔针数 - 后领阔针数）/2=（215-87）/2=64（支）。

（13）后幅收膊尺寸：（后肩阔尺寸 - 后领阔尺寸）/2×75%=（38.25-15.5）/2×0.75=8.53（cm）。

（14）后幅收膊转数：后膊收膊尺寸 × 纵密 =8.53×6.25=53.31（转），取 53 转。

（15）收夹转数：夹阔领边垂直度 ×30%× 纵密 =26×0.3×6.25=48.75（转），取 49（转）。

（16）收完夹花上直位转数：后夹阔领边垂直度转数 - 收夹转数 - 后幅收膊转数 =152-49-53=50（转）。

（17）后领深转数：马鞍阔走后尺寸 = 后领深尺寸。

（18）后幅收夹计算：（胸阔针数 - 后肩阔针数）/2=（287-215）/2=36（支）（每边收夹针数）。推算得出收夹工艺如下：

5-2-4（面 3 支底 2 支边）

4-2-4（面 3 支底 2 支边）

3-2-5（面 3 支底 2 支边）

1 转

夹边套针 10 支

（19）后幅收膊花计算：收膊针一般分一级到两级来收针，先慢后快，同收夹花一样收有边花。

已知后幅每边收膊针数64支，每次收膊针2支，收32次，后幅收膊总转数53转，最后织2转，推算出0-2-1、2-2-9、1.5-2-22。加上第1次收膊。得出后幅收膊计算工艺如下：

过面单边1转（衫身组织是菠萝打花，最后需要过面织单边1转）

2转

1.5-2-22（面3支底2支边）

2-2-10（面3支底2支边）

2.前幅计算

（1）前衫脚开针与前胸阔开针数：前幅衫脚组织同后幅衫脚组织，前幅衫身组织同后幅衫身组织。前幅衫脚及衫身针数一般比后幅多1~1.5cm针数，用脚阔尺寸（48cm+1.2cm）×脚横密=49.2×6.979=343.367（支），取343支，开针数比后幅多8支，衫身胸阔针数同样也比后幅多8支，胸阔针数287＋8=295（支）。计算得出脚阔比胸阔针数多了48支，多出的针数在衫脚过衫身组织时，采用平均缩针的方法来完成，缩完48支后与胸阔针数相同。

（2）衫脚转数：同后幅衫脚转数及织法。

（3）马鞍阔走前尺寸：马鞍阔×75%=9×0.75=6.75（cm）。

（4）前幅衫身总转数：（身长－衫脚高－马鞍阔走前尺寸×70%）×纵密=（69-6-6.75×0.7）×6.25=364.22（转），取365转。

（5）前夹阔领边垂直度转数：前幅衫身总转数－后幅夹下转数（前后幅夹下相同）365-232=133（转）。

（6）前肩阔尺寸：同后肩阔尺寸=38.25cm。

（7）前领阔尺寸：领阔－马鞍阔走前尺寸×28%×2-0.8cm=19-6.75×0.28×2-0.8=14.42（cm）。

（8）前领阔针数：前领阔尺寸×横密=14.42×5.62=81.04（支），取81支。

（9）前幅每边停针数：（前肩阔针数－前领阔针数）/2=（215-81）/2=67（支）。

（10）前幅膊斜停针转数：（前肩阔尺寸－前领阔针数）/2×40%×纵密=（38.25-14.42）/2×0.4×6.25=29.788（转），取30转。

（11）前幅收夹转数：前幅收夹转数同后幅收夹转数相同。

（12）收完夹花上直位转数：前夹阔领边垂直度转数－收夹转数－前幅膊斜转数=133-49-30=54（转）。

（13）前领深转数：（前领深尺寸－马鞍阔走前尺寸）×纵密=（10-6.75）×6.25=20.31（转），取21转。

（14）前领底平位阔针数：领阔×30%×横密=19×0.3×5.62=32.03（支），由于胸阔是单数，取33支。

（15）前幅收夹计算：（前胸阔针数－前肩阔针数）/2=（295-215）/2=40（支）（每边收夹针数）。

根据马鞍膊衫收夹原理，推算得出收夹工艺如下：

4-2-8（面3支底2支边）

3-2-4（面3支底2支边）

2-2-3（面3支底2支边）

1转

夹边套针10支

（16）前幅膊斜计算：已知前膊斜是30转，前幅膊针数67支。膊斜停针计算得出工艺如下：

过面单边齐织1转

1-3-7（停针）

1-2-23（停针）

（17）前幅收领计算：（前领阔针数－前领底平位阔针数）/2＝（81-33）/2＝24支（领每边收针数）。前领深是21转。前幅收领做分边织时，一般中落针后，要先织1转再收领，收完领直位是放在马鞍阔来计算。推算前幅收领工艺如下：

3转

3-2-2（无边）

2-2-3（无边）

1-2-4（套收，收无边花时，收针比较急一般采用套收，也可以拆开来收）

1-3-2（套收，收无边花时，收针比较急一般采用套收，也可以拆开来收）

1转

中落33支

3.袖子计算

（1）袖口阔开针：袖阔尺寸 ×2×135%× 脚横密＝9×2×1.35×6.979＝169.59（支），取169支。

（2）袖口罗纹上针数：袖阔尺寸 ×2×135%× 横密＝9×2×1.35×5.62＝136.566（支），取137支。计算得出袖口阔开针比袖口罗纹上针数多32支，多出的针数在袖嘴过袖身组织时，采用平均缩针的方法来完成，缩完32支后与袖口罗纹上针数相同，为137支。

（3）袖阔针数：袖阔尺寸 ×2×105%× 横密＝17×2×1.05×5.62＝200.634（支），取201支。

（4）马鞍尾阔针数：马鞍尾阔做9cm× 横密＝9×5.62＝50.58（支），取51支。

（5）马鞍底阔针数：为了后夹圆顺上去，马鞍底阔一般比马鞍尾阔做大35%～45%。马鞍尾51支 ×1.42＝72.42（支），取73支。

（6）袖长领边度尺寸：规格表中袖长是后中度，需要先算出袖长领边度尺寸。（袖长后中度－后领阔/2＝（80-19/2）×0.97（修正值）＝68.385（cm）。

（7）袖身总转数：（袖长领边度－袖嘴高）× 纵密＝（68.385-6)×6.25＝389.91（转），取390转。

（8）前马鞍高：前马鞍高是与前幅膊斜进行对接缝合，可根据 $a_2+b_2=c_2$ 计算。a尺寸＝(前幅肩阔－前领阔尺寸）/2＝（38.25-14.42）/2＝11.915（cm），b尺寸是前膊斜高4.766cm，求c的尺寸。$c=\sqrt{11.915^2+4.766^2}=12.832$（cm）。前马鞍高一般会做短2%～6%。实际前马鞍高：12.832×0.95（修正值）＝12.19（cm）。

（9）前马鞍高转数：前马鞍高 × 纵密＝12.19×6.25＝76.188（转），取76转。

（10）后马鞍高：后马鞍高是与后幅膊斜进行对接缝合，可根据 $a_2 + b_2 = c_2$ 计算。a 尺寸 =（后幅肩阔 - 后领阔尺寸）/2=（38.25-15.5）/2=11.375（cm），b 尺寸是后膊斜高8.53cm，求 c 的尺寸。$c=\sqrt{11.375^2+8.53^2}=14.217$（cm）。后马鞍高一般会做短2%~6%。实际后马鞍高：14.217×0.95（修正值）=13.51（cm）。

（11）后马鞍高转数：后马鞍高尺寸 × 纵密 =13.5×6.25=84.375（转），取85转。

（12）袖山高转数：（前夹阔领边垂直度转数 - 前膊斜转数）×0.95（修正值）=（133-30）×0.95=97.85（转），取98转。

（13）袖夹下转数：袖身总转数 - 后马鞍高转数 - 袖山高转数 =390-85-98=207（转）。

（14）袖嘴高转数：袖嘴高 × 罗纹纵密 ×96%=6×5.5×0.96=31.68（转），取32转。

（15）袖每边加针数：已知袖阔针数201支，袖口罗纹缩完针后137支，（201-137）/2=32（支）。

（16）袖子加针计算：袖夹下转数 - 袖底直位 =207-19=188转。袖每边加针是32支，推算袖子加针工艺如下：

19转

6 + 1 + 28

5 + 1 + 4

5转

（17）袖夹收针计算：（袖阔针数 - 马鞍底阔针数）/2=（201-73）/2=64（支）。马鞍膊袖夹要对应前后幅夹位，前后幅收夹是先快后慢，袖夹则需要先慢后快，推算袖收夹工艺如下：

以上分前后夹收

3-2-7（面3支底2支边）

4-2-20（面3支底2支边）

1转

夹边套针10支

（18）后马鞍收针数：马鞍底阔针数 - 马鞍尾阔针数 =73-51=22（支）。推算后马鞍收夹工艺如下：

7转

8-2-1（面3支底2支）

7-2-1（面3支底2支）

7转

（19）前马鞍计算：已知后马鞍高85转，前马鞍直位高76转，前马鞍斜位高 =85-76=9（转），在计算马鞍阔的时候，马鞍走前部份做2cm平位等于前领直位。推算袖尾停针计算得出工艺如下：

过面单边齐织1转

1-4-1（停针）

1-5-7（停针）

1-12-1（停针）

76转

4.领贴计算

（1）领贴高1×1罗纹计算：领贴高 × 领贴纵密 = 2×12=24（转）。

（2）在计算圆领周长时，可采用分段来计算，并考虑每段的缝合记号，如图7-19所示。

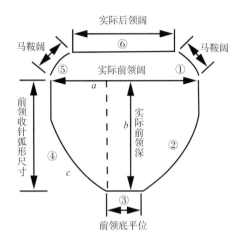

图7-19　马鞍膊款圆领分段图形

（3）马鞍膊圆领的缝合接口处在针织衫穿起计左边，在马鞍尾与后幅领缝骨位。领贴缝双层，两个接口需要挑撞（手缝）对行数来挑。按照图中顺序记号。

（4）前领收针 a 尺寸：[实际前领阔尺寸（14.42）- 前领底平位（19×0.3）] /2=4.36（cm）。

（5）前领深 b 尺寸：前领深尺寸 - 马鞍阔走前尺寸 =10-6.75=3.25（cm）。

（6）前领收针弧形 c 尺寸：$\sqrt{4.36^2+3.25^2} \times 1.06$（弧线比直线长，乘以约106%的系数）=5.764（cm）。

（7）前领收针弧形针数：前领收针弧形尺寸 × 领横密 =5.763×6.8=39.188（支），取39支。

（8）前领底平位针数：领阔 ×30% × 领横密 =19×0.3×6.8=38.76（支），取39支。

（9）马鞍尾阔尺寸：马鞍尾阔做9cm，马鞍尾做停针有斜位，用马鞍尾尺寸 × 约104%系数 = 9×1.04=9.36（cm）。

（10）马鞍尾阔针数：马鞍尾阔尺寸 × 领横密 =9.36×6.8=63.648（支），取64支。

（11）后领平位针数：实际后领阔 × 领横密 =15.5×6.8=105.4（支），取106支。

（12）领开针数：根据以上前、后、马鞍尾每个部位的缝合针数计算，按图7-19所示的顺序①②③④⑤⑥得出：64 + 39 + 39 + 39 + 64 + 106=351（支），领贴1×1罗纹开面包为单数。计算领贴如下。

63.38.39.38.63.105=351支
过面单边1转，间纱完
1×1　1条毛　24转
圆筒半转，平放半转

（1条）领贴：开351支 面1支包

（五）工艺单

根据以上分析和计算，结合所有数据，进行工艺归纳，如图7-20所示。

针织有限公司-编织规格表

开单人：

下数师傅：

生产编号：（初办）（款式编号：JF202005）

（客户名称：　）

尺码 M
男装圆领马鞍膊长袖衫，全件1×1波萝打花

量度单位：cm	
胸阔	51.0
身长	69.0
夹阔	26.0
夹阔领边垂	17.0
袖阔	9.0
袖嘴高	6.0
下脚高	48.0
衫脚高	6.0
领阔	19.0
前领深	10.0
后领深	2.0
领贴高	2.0
袖长后中度	80.0

前后幅幅distance（针号：12针）

毛料：1条毛
组织：1×1波萝打花
面字码：10支拉3 5/8 英寸
底字码：20粒直2 4.5/8英寸
平方：5.62支×6.25转（0.13）

衫脚及袖嘴（1×1）
毛料：1条毛
面字码：10支拉2 5/8 英寸
平方：5.5转

领贴：12针　1条毛
1×1　10支拉　2 5/8 英寸
63.38.39.38.63.105=351支
过面单边1转，回纱完
1×1　1条毛　24转

圆筒半转，平放半转
（1条）领贴：开351支　面1支包

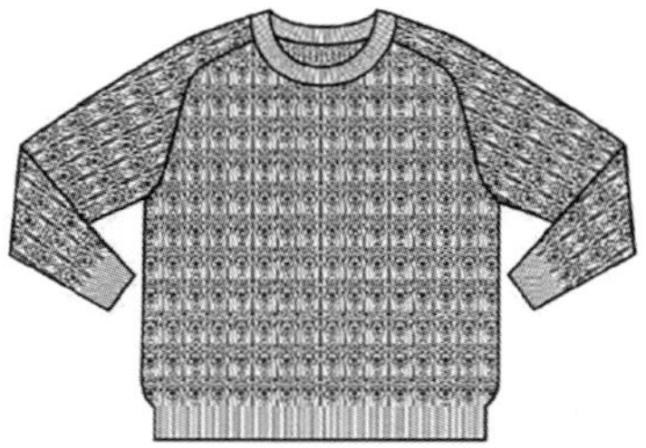

袖身共390转
开351支

过面单边再织1转
1-4-1
1-5-7　（停针）
1-12-1
76转

领：
1-3-7
1-2-23　（停针）
54转
4-2-8（面3支）
3-2-4（底2支边）
2-2-3
1转
两边套针10支
232转
共缩48支=295支
夹边留6支，每隔6支缩1支
衫身：1×1波萝打花

衫身共365转
67支（81支）67支
3转
3-2-2
2-2-3（无边）
1-2-4
1-3-2
领：1转

收完花过面单边再织1转
第10次收花中落33支分边收领

21　　81
30　　81
54　　215
49　　215
232　　295
　　　103

衫身共384转
64支（87支）64支
过面单边1转
2转
1-2-22（面3支）
2-2-10（底2支边）
50转
5-2-4（面3支）
4-2-4（底2支边）
3-2-5
1转
两边套针10支
232转
共缩48支=287支
夹边留26支，每隔5支缩1支
衫身：1×1波萝打花

53　　87
50　　215
49　　215
232　　287

衫脚：1×1　33转
后幅：开335支　面1支包圆筒1转
领下拉49 7/8英寸
后幅全拉50 6/8英寸

衫脚：1×1　33转
前幅：开343支　面1支包圆筒1转
领下拉44 6/8英寸
前幅全拉47 4/8英寸

以上分前后夹
3-2-7（面3支）
4-2-20（底2支边）
1转
夹边套针10支
19转
6+1+28
5+1+4
5转

98

207

85

76

共缩32支=137支
每隔4支缩1支，
夹边留7支，
波萝打花
袖身：1×1

袖嘴：1×1　32转
开169支　面1支包圆筒1转
袖：分左右织
袖全长拉50 6/8英寸

每打落机重量（克）　毛料名称
前幅重　　1条2/26支70%羊毛30%羊绒
后幅重
袖重
领贴重
其他
总重
复核人

图7-20　男装圆领马鞍膊长袖套头衫工艺

思考题

1. 简述明加针和暗加针的区别与特点。

2. 简述明收针和暗收针的区别与特点。

3. 简述拉密的作用与测量方法。

4. 简述成品密度与下机密度的区别，并分析对工艺设计与生产起哪些作用？

5. 局部编织在成形针织服装中哪个部位最常用？

6. 收2针留3支边、4支边时，各需移动几个线圈？

7. 小样的制作质量与测量方法，对成形针织服装生产有什么影响？

第八章

CAD 编织工艺设计与电脑横机制板

产教融合教程：成形针织服装设计与制作工艺

课题内容：

1.CAD 编织工艺设计

2.电脑横机制板

课题时间： 8课时

教学目标：

1.熟悉智能系统界面窗口与基本功能

2.掌握智能系统设计针织服装工艺的基本操作与方法

3.了解成形针织服装生产成本构成与纱线成本核算

方法

4.掌握智能系统绘制针织方格纸与电脑横机制板流程

教学方式： 任务驱动、线上线下结合、案例、小组

讨论、多媒体演示

实践任务： 课前预习本章内容（本课程线上资源），根据自行设计的成形针织服装，用智能编织工艺软件设计其编织工艺、意匠图、电脑横机图，并导出上机文件。要求：

1.制作服装纸样，度量纸样尺寸

2.根据小样密度和衣片细部尺寸设计衣片工艺，制定工艺单，储存sks类型工艺文件

3.由下数纸汇出方格纸，并根据设计要求修改方格纸

4.正确设置纱嘴及其他参数，解译为电脑横机图

5.汇出上机文件。

随着针织技术的发展和计算机辅助技术的进步，针织CAD软件在针织服装领域应用越来越广泛，特别是针织工艺CAD。目前成形针织服装工艺师已经完全摆脱"手持计算器"人工计算的状态，不仅节约了工艺设计时间，也提高了准确率。针织工艺CAD软件很多，近年来市场上畅销的有智能系统、富怡软件、琪利系统等。其中智能系统与琪利系统自推出工艺与制板一体化后，在针织企业中的使用比例越来越大。比如，智能下数系统中将工艺部分与电脑横机制板部分接驳，根据不同的电脑横机品牌需要导出电脑横机上机文件，无缝对接了市场上大多数电脑横机品牌，有效解决了同一企业不同种类电脑横机需采用不同制板系统的问题。本章以智能系统为例介绍工艺设计与电脑横机制板的功能与操作。

第一节　CAD编织工艺设计

智能系统是以香港为研发基地的智能针织软件（东莞）有限公司开发的集工艺设计与电脑横机制板于一体的针织系统，在广东一带企业运用比例极高，使用的针织名词也偏行业用语，并具有一定的地域特色，如编织工艺称"下数"、意匠图称"方格纸"、密度称"平方"、肩宽称"肩阔"、罗纹称"坑条"等。本节主要介绍智能系统的编织工艺设计软件界面与操作方法。

一、智能下数界面介绍

打开软件可弹出如图8-1所示的界面窗口，包括菜单栏、工具栏、工作区、状态栏四部分。

（一）菜单栏

菜单栏位于窗口的最上端，按其功能分为档案、编辑、系统管理、检视、工具、预设值、视窗、说明等。大部分的操作都是通过菜单功能来实现的。

（二）工具栏

位于菜单栏下方，包含常用的工具和快捷操作按钮，如新档、开启、储存、列印（打印）、词汇等。

（三）工作区

新建档案后，会弹出由制单资料、字码及平方、放码及尺寸、下数、工序工时、缝合说明等部分组成的工作区域，是工艺设计时的可视核心区域。其具体功能和操作会在下面的案例中详细介绍。

（四）状态栏

状态栏位于窗口的最下端，显示当前电脑运行状态、窗口显示或软件的状态，如窗口放大缩小比例、电脑内存大小及已使用内存大小等。

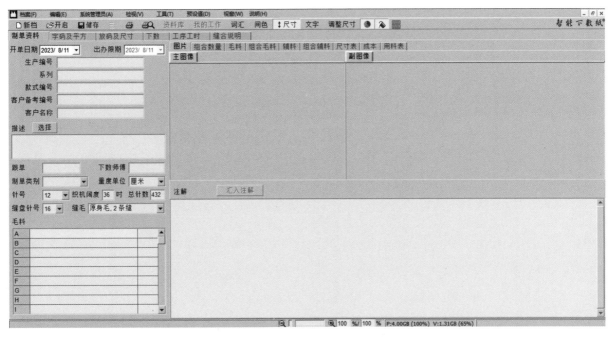

图8-1 智能下数纸界面窗口

二 基础款毛衫工艺设计（运用衫型范本）

对于相同款式不同尺寸的针织衫，其计算方法和计算公式相似，在计算时很多操作都是重复的，因此，基础款毛衫工艺师可以在系统里原有的衫型范本的基础上对尺寸、字码及平方、机号等基本参数进行修改，再在生成的下数纸基础上修改下数，速度快、效率高。其具体操作流程为：新档建立→制单资料（包含毛料）输入→字码、平方输入→尺寸修改→下数修改→缝合说明→保存打印。

（一）新档建立

智能系统下数纸部分有大量基础款的衫型范本，点击工具栏中"新档"，弹出如图8-2所示的衫型范本选择窗口。根据成形针织服装款式特点选择合适的衫型范本，如是否开胸、肩型、袖型、是否收腰等，单击"开启"即可建档，再选择合适的路径进行保存。当然，也可以将已有的下数工艺当作衫型范本，如打开一个智能工艺单，将其另存为一个文件名即可使用，可避免将原工艺单覆盖。

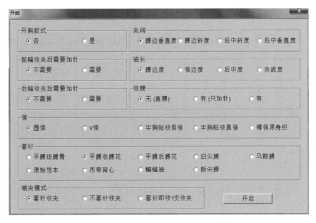

图8-2 创建新档窗口

（二）制单资料输入

1.基本资料输入

输入制单资料，如生产编号、款式编号、客户名称、描述、下数师傅、针号等基本资料，款式描述可自行输入，也可点击"描述"后面的"选择"，弹出对话窗口进行选择，如选择"红色女装Ｖ领平膊弯夹长袖衫单边"（图8-3），也可以继续手动修改。

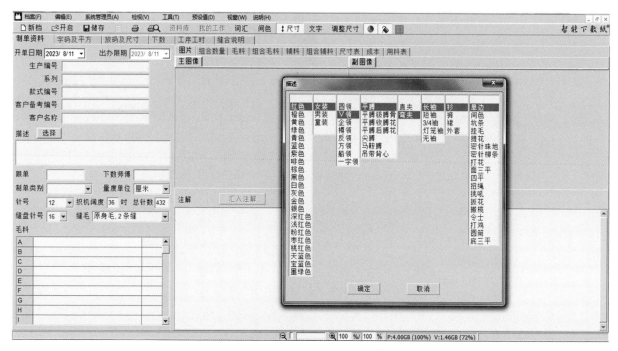

图8-3　制单资料输入与描述窗口

2.毛料输入

点击右侧"毛料"按钮，自动弹出毛料输入对话框，如图8-4所示，输入物料编号和毛料名称；再点击"毛料支数"下的方框，输入毛料规格，这里的"毛料"即针织用纱线，企业习惯用公支表示细度（为了核算用纱量，在输入毛料细度后系统会自动换算成公支）；再点击"颜色"下的方框，弹出颜色对话框，选择每种纱线的颜色。毛料的数量与规格应根据服装实际编织需求输入。

以2/32N 100%棉为例填写毛料，步骤如下：物料编号01，毛料名称2/32N 100%棉，毛纱支数如图8-4所示填写，颜色按要求在颜色对话框中填写。

毛料输入完成后，需要设置毛料是如何组合使用的。例如，订单中由A、B两种毛料的两条毛组成，则组合毛料可能是"2条A毛或2条B毛"的净毛，也可能是"1条A毛1条B毛"的混毛或者冚（盖）毛，如图8-5所示。具体组成可根据实际需要填入。

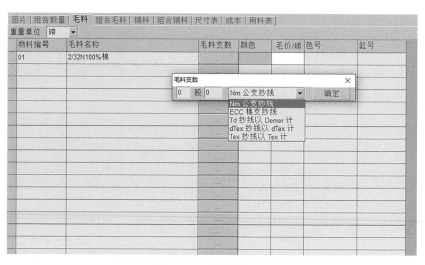

图8-4　毛料输入窗口

（三）字码及平方（密度）输入

字码即拉密，平方即织物纵密和横密。如图8-6所示，可以输入前幅、后幅、袖、领贴、胸贴和衫袋以及新增加幅片的织物组织、字码、平方等数值，若幅片有衫脚，脚字码要分别输入。填写的顺序一般遵循从身到脚、对话框内容从上到下。注意，这里的"吋"表示的是英寸。字码及平方包括前幅、后幅、袖、领贴、胸贴和衫袋以及新增加幅片等的密度。前幅字码及平方输入完成后，若后幅组织密度与前幅相同，则后幅衫身或衫脚选择与前幅一样即可，无须重复输入，其他幅片同理。若前幅、后幅及袖的编织方法不同，应在前面的小方框中打"√"，再分别输入组织及密度。

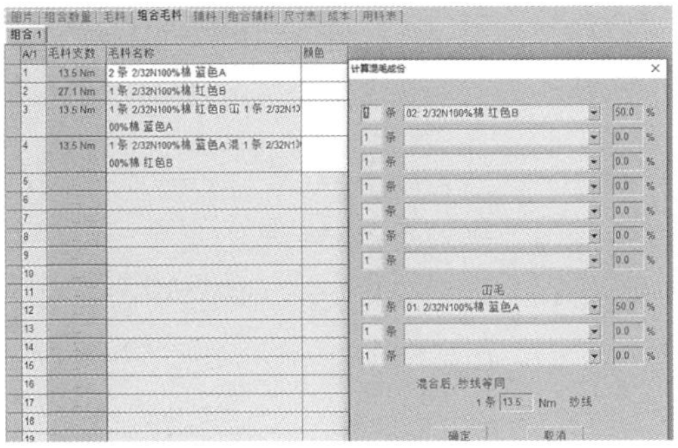

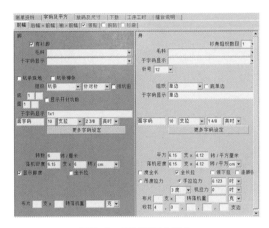

图8-5　组合毛料窗口

（四）下数编写及修改

建立新档时，已选择了与其类似的衫型范本，因此，系统会自动生成相应下数范本，所设计针织服装的下数可在此范本基础上修改得到。若发现该下数档案衫型形范本有误，也可更改范本：单击工具栏最后一项功能"更改衫型范本"即可修改。

图8-6　字码及平方输入

1.输入、修改尺寸

点开工作区的"下数"分页界面，如图8-7所示，左侧是规格尺寸设定区域，右侧是幅片显示区域，在上方的工具栏有幅片尺寸、文字、间色、调整尺寸等模式可选择，若都不选，则只显示幅片轮廓。

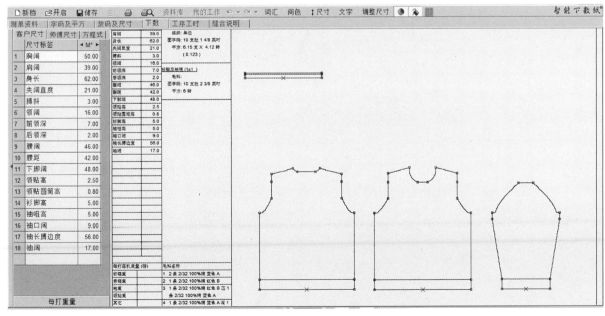

图8-7　"下数"分页界面

下数分页尺寸界面中尺寸设定有三个类型，即"客户尺寸""师傅尺寸""方程式"。按照成衣规格及工艺要求输入和修改这三种尺寸，这三种尺寸在输入和修改过程中也可以相互转化。客户尺寸是订单中规定的成品尺寸。师傅尺寸是指客户没有明确规定的某些部位的尺寸，是设计幅片工艺时必需的尺寸，一般工艺师根据各个幅片的衔接与需要给出，如袖尾、腰直位、袖底平位等。方程式是指有些客户尺寸不能直接用来做幅片的部位尺寸，必须通过公式换算才可以应用，如袖全阔、夹花高、袖山高等。衫型范本的尺寸表中已经给出了常规的计算公式，工艺设计师可点开查看和修改。双击方程式下的某部位尺寸，弹出对话框可进行修改，如图8-8所示，也可以在此幅片中该尺寸部位单击右键，在弹出的菜单栏中选择"修改方程式"进行尺寸调整。

图8-8　方程式设定

2. 设置、修改下数

按照前幅、后幅、袖、领贴及其他附件的顺序设置修改下数。具体操作方法如下。

（1）在下数界面中双击幅片的任意一条轮廓线，出现下数设置修改界面，如图8-9所示。设置修改下数一般从开针开始，检查开针方式如上梳、包针，如可以更改开针方式为"面1支包"或"斜角"等，可以选择上梳的方式，圆筒的转数以及在衫脚编织前的操作方法。

（2）幅片中每一部位都可以点击"上一组"和"下一组"按钮在不同的部位进行切换。点击"上一组"按钮，在脚过衫身部位出现如图8-10所示的对话框时，可以选择脚过衫身的方式和缩针加针数值。其中，下拉菜单的输入项，可以直接在下拉菜单中选取，也可以直接输入文字。

（3）在收针加针处检查收加针组合，查看收加针组合的弯度。例如，在夹位和领位等收针方式如图8-11所示，可以输入收针分段方式，如2-3-？、2-2-？、3-2-？、4-2-？（为了节约输入时间，一般也会用"."来代替"？"），然后点击"计算下数"按钮，系统自动计算收针方法，并显示曲线形状，如图8-12所示，选择合适的曲线，点击"选择"，则左侧工艺单的收加针计算自动更改为选择的数值。同时，可以根据收针部位的情况，在后面的下拉菜单中选择"无边"或"4支边"等收针方式，最后点击"使用新下数"按钮，则幅片工艺单随之更改。

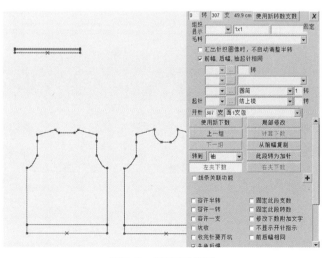

图8-9　修改下数界面

图8-10　脚过衫身缩加针设置对话框

图8-11 设置收针段数

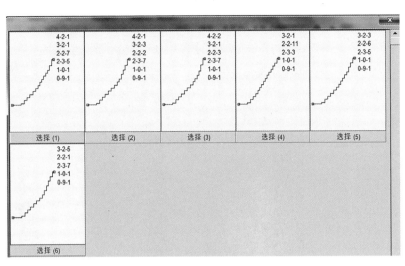

图8-12 收针组合与曲线

（五）检查缝合说明，添加缝合小图

缝合说明自动生成，点击"缝合说明"分页，如图8-13所示，需要修改的部分可以用鼠标靠近需要修改幅片的某缝合线单击右键，选择"设定缝合工序"，弹出缝合工序窗口即可根据需要进行修改。在下数页面右键选择"增加缝合小图"，即可生成领部缝合小图，如图8-14所示。

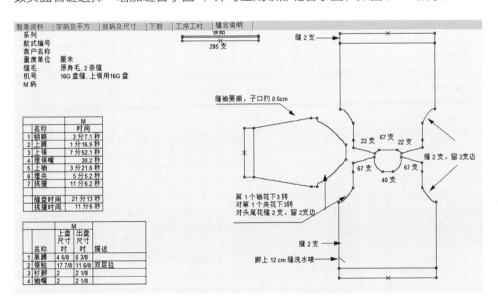

图8-13 "缝合说明"分页界面

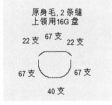

图8-14 领部缝合小图

（六）保存和打印

在下数设计过程中，可能会因操作失误丢失档案，因此需要多次保存，工艺设计完成后需再次保存，可直接选择"保存"，也可以选择"另存新档"。打印可以直接连接打印机打印，也可以导出PDF格式工艺单文件后再打印。操作：点击菜单栏中的"档案"→"汇出下数纸"即可根据实际情况导出和打印档案。

（七）间色

针织服装设计的是间色横条组织时，需在下数纸部分排列色纱。注意在间色排列设置之前，需先把针织服装全部纱线规格输入在制单资料中。间色排列具体操作如下。

（1）点击下数纸界面"间色"按钮，打开间色设置页面，进行间色设定。如图8-15所示，在间色界面可以设定间色循环的方法和放码时是否固定夹位、领位等间色，在需要间色的幅片上打"√"。

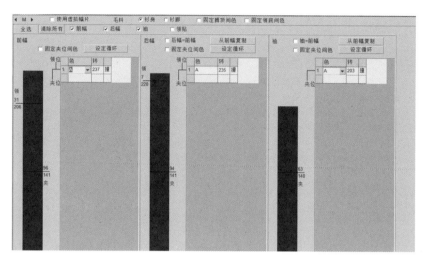

图8-15　间色设置界面

（2）按照间色排列要求输入间色排列规律并设置循环次数（包括颜色代号、转数、循环方式等），如果针织服装大身全部为循环间色排列，循环次数可以选择大一些，如设定次数为100次，系统会根据服装实际转数自动计算次数。当然，也可以设置2个及以上循环、循环里套循环等。例如，在间色界面点击前幅后，如图8-16所示，图上面第一行的"237"表示前幅大身共237转，设置循环时从下向上输入，这里选择B色纱10转、A色纱20转，点击"设定循环"，输入从第1色纱段到第2色纱段的循环次数，这里需要大身满铺，这里循环次数多设置一些，输入100次，点击"新增循环"，系统自动计算循环次数及剩余行数，如图8-17所示。

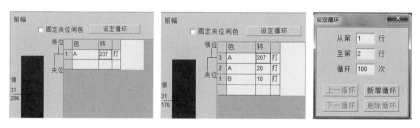

图8-16　间色循环设置

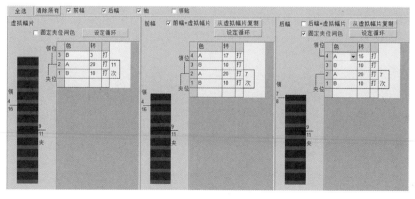

图8-17　间色排列

（3）如果前后幅、袖间色相同，在前幅的方框中输入间色的资料后，在"后幅＝前幅""袖＝前幅"前的小方格中打"√"，袖间色会自动对夹位（注意：若是固定夹位对间色，在修改下数里的夹位开始前打"√"）。若间色不同，去掉后幅间色方框中"后幅＝前幅"前的小方框中的"√"，再输入间色资料。间色设置完成后，打开下数分页即可看到色差排列循环，如图8-18所示为下数分页显示的前幅工艺单。

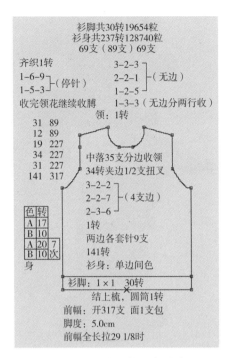

图8-18 前幅工艺单（间色）

（八）放码

基础码下数纸设计完成后，可以根据放码尺寸要求自动放码，生成所需尺码的工艺单。具体放码过程如下。

1.尺码设定

点击放码及尺寸分页的"尺码设定"按钮，如图8-19所示，在"总计"下输入尺码的数量、间距数值、最小值、最大值，点击"数值尺码"下方的"产生"按钮，在对话框左侧"将新增的尺码"下方会显示需要的数字尺码（如38、40、42、44、46）。若是英文尺码，则点击"预调尺码"下方的"产生"按钮，则产生XS、S、M、L、XL等英文尺码。对话框中"+"和"-"按钮，在想增加或减少尺码时使用。可用鼠标左键按住尺码拖动，改变尺码的上下排列顺序，"办单尺码"表示当前下数单的尺码数值。

（a）数值尺码　　　　　　　（b）英文尺码

图8-19 尺码设定

2.档差输入

如图8-20所示，点击"放码及尺寸"分页左侧"模式"→"相差"，则可以输入"客户尺寸"和"师傅尺寸"的档差（在当前码后的尺码表输入档差数值后，点击回车键，即可同步每个尺码与当前尺码档差），再点击"模式"中的"数值"选项，则系统自动生成各码尺寸数值，也可以点击"数值"直接输入各码尺寸数值。对于档差不固定的个别数值，可以在此时单独修改。

（a）相差模式

	尺寸标签	量度方法	XS	S	M*	L	XL
1	胸阔		-4.00	-2.00	50.00	2.00	4.00
2	肩阔		-4.00	-2.00	39.00	1.00	2.00
3	身长		-4.00	-2.00	62.00	2.00	4.00
4	夹阔直度		-4.00	-2.00	21.00	1.00	2.00
5	膊斜		0.00	0.00	3.00	0.00	0.00
6	领阔		-2.00	-1.00	16.00	1.00	2.00
7	前领深		-1.00	-0.50	7.00	0.50	1.00
8	后领深		-1.00	-0.50	2.00	0.50	1.00
9	腰阔		-2.00	-1.00	46.00	1.00	2.00
10	腰距		-2.00	-1.00	42.00	1.00	2.00
11	下脚阔		-2.00	-1.00	48.00	1.00	2.00
12	领贴高		0.00	0.00	2.50	0.00	0.00
13	领贴圆简高		0.00	0.00	0.80	0.00	0.00
14	衫脚高		0.00	0.00	5.00	0.00	0.00
15	袖咀高		0.00	0.00	5.00	0.00	0.00
16	袖口阔		0.00	0.00	9.00	0.50	1.00
17	袖长膊边度		-4.00	-2.00	56.00	2.00	4.00
18	袖阔		-2.00	-1.00	17.00	1.00	2.00

（b）数值模式

	尺寸标签	量度方法	XS	S	M*	L	XL
1	胸阔		46.00	48.00	50.00	52.00	54.00
2	肩阔		35.00	37.00	39.00	40.00	41.00
3	身长		58.00	60.00	62.00	64.00	66.00
4	夹阔直度		17.00	19.00	21.00	22.00	23.00
5	膊斜		3.00	3.00	3.00	3.00	3.00
6	领阔		14.00	15.00	16.00	17.00	18.00
7	前领深		6.00	6.50	7.00	7.50	8.00
8	后领深		1.00	1.50	2.00	2.50	3.00
9	腰阔		44.00	45.00	46.00	47.00	48.00
10	腰距		40.00	41.00	42.00	43.00	44.00
11	下脚阔		46.00	47.00	48.00	49.00	50.00
12	领贴高		2.50	2.50	2.50	2.50	2.50
13	领贴圆简高		0.80	0.80	0.80	0.80	0.80
14	衫脚高		5.00	5.00	5.00	5.00	5.00
15	袖咀高		5.00	5.00	5.00	5.00	5.00
16	袖口阔		9.00	9.00	9.50	9.50	10.00
17	袖长膊边度		52.00	54.00	56.00	58.00	60.00
18	袖阔		15.00	16.00	17.00	18.00	19.00

图8-20 档差输入

3.放码

点击"放码"按钮，进行放码，再打开下数分页，选择菜单"检视"下拉菜单中"显示各码外形"选项，则可以检查放码的外形变化情况，如图8-21所示，检查形状是否有不合理的地方，可以到"放码及尺寸"分页重新输入修改尺寸，重新点选"放码"按钮进行放码操作。

在下数分页点击左侧"尺寸标签"的尺码箭头，如图8-22所示，在各个尺码之间变换，检查各个尺码的下数，看看各个尺码收针曲线的形状是否合理，对不合理的地方通过修改下数进行修改。

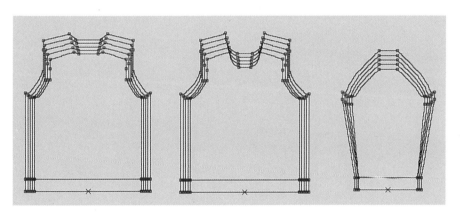

图8-21 放码图

	客户尺寸	师傅尺寸	方程式
	尺寸标签	◄ S ►	
1	胸阔	48.00	
2	肩阔	37.00	
3	身长	60.00	
4	夹阔直度	19.00	
5	膊斜	3.00	
6	领阔	15.00	

图8-22 尺码切换

三 创新款毛衫工艺设计

若设计的衫型针织服装结构与衫型库范本的差异较大，需要运用原始范本自行绘制轮廓及标示各部位尺寸。以纸样制作为基础的工艺设计流程为：纸样制作→建立新档→制单资料填写→字码平方输入→纸样照片导入→纸样轮廓绘制→尺寸标示→修改下数→缝合工艺。

（一）制作纸样

款式变化较大的毛衫一般需要先制作纸样，在纸样的形状和尺寸的基础上再进一步工艺设计。

纸样剪裁后，平铺纸样，并拍成照片，以备输入电脑工艺系统。纸样照片如图8-23所示。

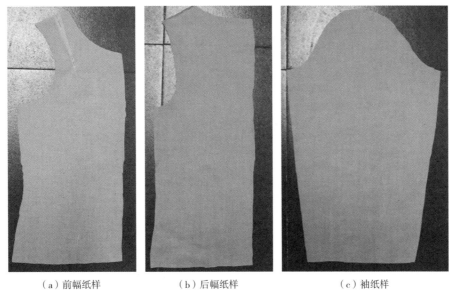

（a）前幅纸样　　　　　　（b）后幅纸样　　　　　　（c）袖纸样

图8-23　纸样照片

（二）新档建立

这里用纸样来建立衣片外形，不依赖现有的衫型范本，即在原始范本上绘制幅片外形。点击工具栏中"新档"，弹出衫形范本选择窗口，选择"原始范本"，保存文件。点击"下数分页"，可以看到原始范本的轮廓，如图8-24所示。

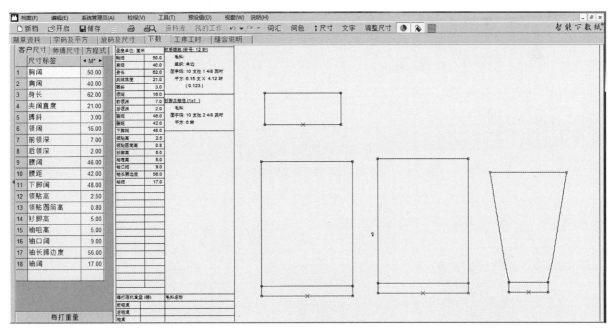

图8-24　原始范本下数界面

（三）制单资料、密度输入

根据实际需要输入制单基本信息，以及毛料、字码及平方等基本参数，具体操作方法前部分基本款毛衫设计已详细阐述，这里不再赘述。

（四）导入纸样照片，赋予标定尺寸

在下数纸的空白地方点击鼠标右键，选择"新增"→"汇入图像档案"，导入纸样图片。若想只显示一个幅片，可在"检视"里将其他幅片的"√"去掉。在纸样图片中点击右键，选择"量度尺寸"（图8-25），输入纸样正确尺寸大小，纸样即可按照比例在下数区显示。再将纸样前幅中部、后幅中部、袖对准对应幅片的中间点。若幅片数量不够，还可以新增幅片，操作如下：在空白菜单中选择"新增"→"新增幅片"→选择有无衫脚。

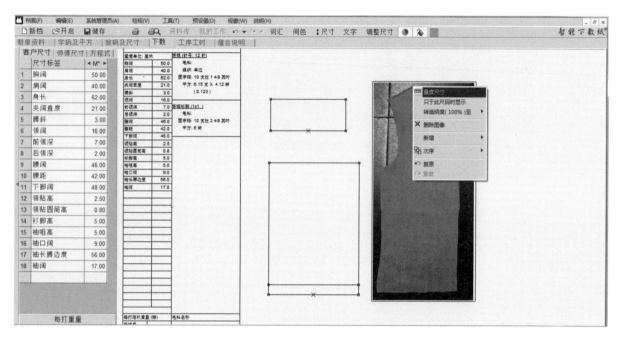

图8-25 图像度量尺寸

（五）纸样轮廓绘制、尺寸标示

在图片上点击鼠标右键，选择"次序"→"下推至最底层"再描点绘制纸样形状，赋予各个部位名称与尺寸。具体操作如下。

1.轮廓描绘

可拖动线与交点调整幅片形状及位置，在幅片需要调整的轮廓线上点击鼠标右键，选择"新增交点"，如图8-26所示，将幅片的形状修改成与纸样大致相同。一般先将幅片的左上角拉到领底平位，再按"新增交点"，会比较容易绘制。

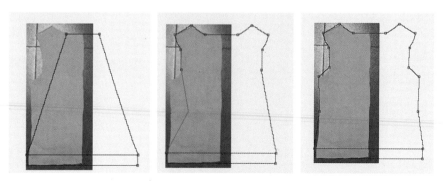

图8-26 描绘纸样轮廓

2.尺寸标示

在交点上点击鼠标右键，选择"新增横向尺寸"→"新增直向尺寸"，赋予各部位标签名称和实际所需尺寸，如图8-27所示。标签既可以使用已有的标签名称，也可以自行设置。若该部位尺寸有预设的方程式计算，如夹花高等，可双击方程式修改，或将方程式中的尺寸改为师傅尺寸。在赋予尺寸后需要微调时，可以双击该部位尺寸，弹出调整尺寸对话框，如图8-28所示，选择需要增减的针数、尺寸或者倍率来调整。

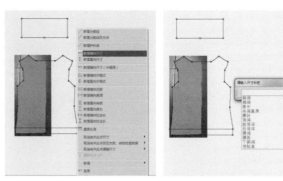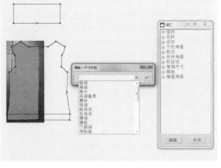

图8-27　输入幅片标签及尺寸　　　　　　　　　　　图8-28　调整尺寸

尺寸标示完成后，需要运用"放码"功能检查尺寸有无漏标、误标，点击"放码"后若有错误提示，需继续按照提示要求修改，直至能正常放码。

（六）修改下数、查看缝合说明、汇出工艺单

根据设计需求按照前面介绍的方法进行下数修改、查看缝合说明、汇出工艺单，这里不再赘述。

四　纱线原料成本核算

成形针织服装的生产成本有纱线原料成本、加工成本、企业管理费、税费等，其中原料纱线成本是构成生产成本的主要部分。主要与服装克重预算和价格有关。下面介绍其预算方法。

纱线原料成本=纱线价格×服装用线重量。纱线的价格与单件服装用纱重量分别由纤维原料、生产工艺单决定。纱线用料是按照生产工艺单计算单件衣片的针转数（粒数），根据测定的单位针转重量计算单件产品的用料量。

单件衣片的用料重量＝衣片针转数×单位针转重量

智能系统可以根据工艺单自动计算每幅片的编织粒数，也会根据一定针数和转数的样片重量核算出单位针转的重量，并算出每打前幅、后幅、袖及整件重量。智能系统核算用料具体操作如下。

（一）样片下机重量参数输入

在制单资料输入界面下端，输入样片下机重量参数，包括支数、转数和克重，如图8-29所示，衫身、衫脚需分别输入。

图8-29　样片重量参数输入

（二）查看幅片及服装重量

点开下数分页左下角处的"重量条框"，可以自由调整重量单位（这里的每打是指12件），可以显示

出每个幅片的重量和服装的总重量（图8-30）。

在实际生产中，可能会出现重量偏差或者瑕疵的情况，一般在单件产品重量的基础上加3%左右作为单件产品的投产用料重量。

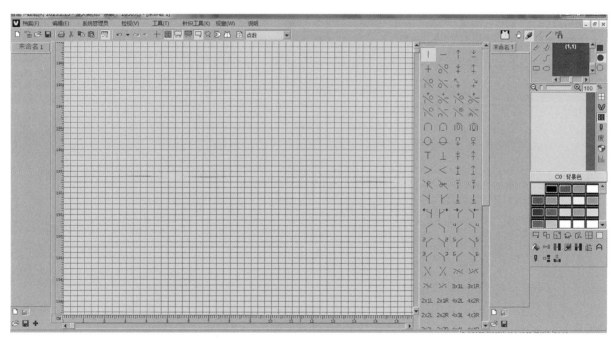

V		
重量单位 磅 ▼ / 打 ▼		
	净毛重	纱重	落机重
前幅重	1.0760		1.0760
后幅重	1.0611		1.0611
袖重	1.1621		1.1621
领贴重	0.0981		0.0981
其它			
总重	3.3973		3.3973

V		
重量单位 克 ▼ / 件 ▼		
	净毛重	纱重	落机重
前幅重	40.7		40.7
后幅重	40.1		40.1
袖重	43.9		43.9
领贴重	3.7		3.7
其它			
总重	128.4		128.4

图8-30　幅片及服装重量

第二节　电脑横机制板

智能下数系统可以将针织服装的编织工艺设计与电脑横机制板接驳，使智能下数工艺单直接转入电脑横机制板界面，通过简单的设置与修改，即可生成电脑横机编织文件进行上机编织。

一、针织图像界面介绍

智能方格纸图像类型有一般图像和针织图像两种模式，一般图像与其他绘图软件功能基本相同，针织图像模式则集合了针织意匠图、针织组织模拟、普通图像、图像分区等种种子模式，可以导出电脑横机上机图及上机文档。这里以针织图像模式为例，介绍其界面、功能及操作方法。

智能方格纸界面由菜单栏、工具栏、工作区、状态栏四部分组成，如图8-31所示。

图8-31　针织图像界面

（一）菜单栏

菜单栏包含档案、编辑、系统管理员、检视、工具、视窗等子菜单，其功能见表8-1。

表8-1 方格纸界面菜单栏功能

子菜单名称	功能
档案	即文件，包含建立、读取、另存、汇入图像、列印（打印）、更改档案属性档案等操作
编辑	复原（撤销）、重做（恢复）、剪切、复制、贴上（粘贴）等基本编辑动作
系统管理员	自行设定自动备份的时间、账户、密码的修改等
检视	即"显示"的意思，可设置是否显示内容
工具	设定快捷键，可设置自动档案名称规则、皮肤及其他
视窗	指多个窗口的排列方式
说明	等同于"帮助"，如发送下数纸档案作线上询问、查看智能下数纸版本号等

（二）工具栏

工具栏位于菜单栏下方，包含了常用的工具和快捷操作图标按钮，如新档、开启、储存、列印（打印）等，也有一些新增的工具，具体图标及功能见表8-2。

表8-2 方格纸界面工具栏功能

图标	名称	功能
	显示直尺	方格纸的操作区边界显示直尺
	长十字线	单击该命令，可显示长十字线；若关闭该命令，则显示短十字线
	显示放大格线	单击该命令，在彩图模式下，可显示放大的格子线
	显示已选图像位置	单击该命令，可显示当前框选的范围；若关闭，不显示设定图像范围的边框
	透明模式	单击该命令，若是有框选到0号颜色时，在做复制或填充图像时，0号颜色不会被复制到
	使用方形图像	单击该命令，选择范围形状为方形
	使用不规则图像	单击该命令，选择范围形状为不规则图像
	更新	刷新现有的图像文件
点数	直尺显示刻度	下拉菜单可选择标尺刻度单位类型，如点数、英寸、厘米

（三）工作区

工作区由笔形区、显示模式、工具箱、图像显示区、图像列等部分组成。

1.笔形区

笔形区主要是绘制图像笔触的类型及画线形状，笔形如有单色笔、虚线、锯齿线、喷笔等，线形有直线、曲线、方形、椭圆等。除此之外，还可以设置画笔的粗细和形状，形状有方形、圆形、空心、实心等（图8-32）。

2.显示模式

图8-33为设置绘图区域显示类型的控制中心，包括彩图模式、针目模式、针织组织模式、分区显示模式、度目显示模式、边缘保护模式、功能线等，其图标与功能见表8-3。

表8-3 显示模式功能

图标	名称	功能
⊞	彩图模式	只显示幅片的外形及相对应的颜色，不显示任何动作
V	针目模式	显示幅片虚拟模式，就是针织模拟效果图。若想看织出后效果，点击"针目"模式即可查看，但一些特别复杂的是系统无法模拟的
▣	针织组织模式	即意匠图，显示幅片的针织组织符号动作，带有编织动作，在此界面可进行画花样或修改花样
▮	分区显示模式	显示幅片的各个分区，可在此界面设定不同的分区。如做提花衫脚和衫身分区、挂毛（嵌花）分区时，需在此界面进行分区
度	度目显示模式	显示幅片的各段度目，要做不同段度目时，可在此界面设定
⛊	边缘保护模式	显示边缘被保护的外形，颜色较深的部位是被保护的。在电机编织中设定好"边缘保护"，在此界面可以进行查看及修改；在做花样填图时，设置"边缘保护"，使花样填充时，避免被填充到
ⅎ	功能线	显示幅片相对应的功能线，若要进行修改功能线时，可在此界面进行修改功能线

3.工具箱

工具箱主要是图像编辑的控制中心，包括调色盘、设定图像范围、复制、转动、图像变形、循环、清除、填色、颜色转换、颜色整合等，具体图标与功能见图8-34与表8-4。

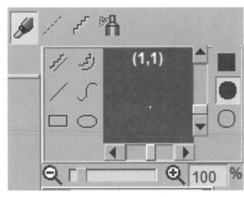
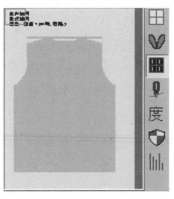
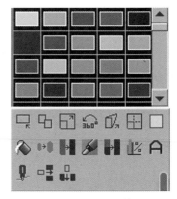

图8-32 笔形区　　　　　　　　图8-33 显示模式　　　　　　　　图8-34 工具箱

表8-4　工具箱工具及功能

图标	名称	功能
	调色盘	调色盘可以设置方格纸的颜色。在不同模式下其颜色表示不同含义，如纱线颜色，分区等，除了 15 号、27 号、31 号、32 号色有固定功能外，其他颜色不表示编织动作
	设定图像范围	框选图像的范围，包括方形和不规则物体范围，也可实现只选择某一颜色或者曲线范围
	复制	复制已选图像，可以实现剪切或复制图像功能，图像复制形式可以原图复制、镜像复制、阶梯复制等
	放大、缩小	可将图像放大或缩小。若导入的图像太大时，则点击"放大／缩小"命令，自行调整图像的大小。可以按固定比例或自由调整
	转动	选定图像范围后，对图像以任意角度旋转
	图像变形	选定图像范围后，可使图像任意变形、平行变形、扭曲变形
	循环	选定图像范围后，实现对图像循环复制、方向复制、完整图像复制、跳阶复制、倒影复制等
	清除	选定图像范围后，可选择清除图像之外、清除图像之内和清除整个界面三种
	填色	可实现颜色填图、组织填图、图案填图、对点填图等
	扩大物件	把图像整体扩大或缩小
	颜色转换	选定图像范围后，转换颜色、转换组织、转换颜色及组织、单色对换、多色换单色、转换图案等
	换色笔	是指把图像中的一部分颜色换为另一颜色，同时绘画时其他颜色不会被覆盖
	颜色整合	将多颜色图案通过自动或手工选色整合使颜色变少，便于提花编织
	颜色比例	当作挂毛或者虚线提花时，同过输入设定，可以查看毛料重量及重量比例
	文字	实现添加文字，可设置字体、字号等
	纱嘴设定	可进入纱嘴设置界面
	插入横行	即插入横列，可插入空行、插入隔行、复制横行、删除行
	插入直行	即插入纵行，可插入空列、插入隔列、复制直行、删除列

二、方格符号与针织常见组织

针织组织意匠图的绘制最方便、快捷，线圈结构图最为直观，而智能系统的方格纸界面部分就是以意匠图为绘制基础、以针织物的模拟效果图为呈现效果的。下面介绍方格纸符号及常见的组织在针织组织模式和针目模式的绘制，组织图中符号及含义见表8-5。常见组织的意匠图、模型效果图与电脑横机制板图见表8-6。

表8-5　方格织符号及含义

方格织符号	编织动作	方格织符号	编织动作
		面针，正针，带翻针动作			底针，带翻针动作
		圆筒（面针先织）			圆筒（底针先织）
		密针（密针＝底针＋面针）			空针
		面打花，即面集圈			底打花，即底集圈
		浮针（浮线在底）			浮针（浮线在面）
		前编织后打花（集圈）			前打花（集圈）后编织
		前编织，后浮线			前浮线，后编织
		向右套针			向左套针
		向左加针			向右加针
		向右收1支、2支、3支……			向左收1支、2支、3支……
 2×1L 2×2L……	右绞花（1×1、1×2、1×3、2×1、2×2……）	 2×1R 2×2R……	左绞花（1×1、1×2、1×3、2×1、2×2……）
		向左加阔位置			向右加阔位置
		向右缩针位置			向左缩针位置

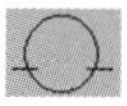

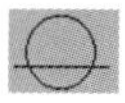

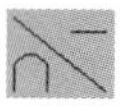

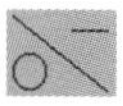

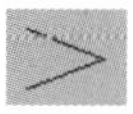

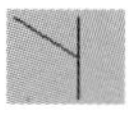

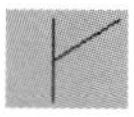

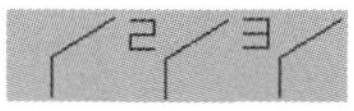

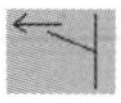

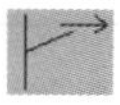

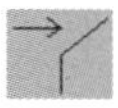

表8-6　常见组织的意匠图、模型效果图与电脑横机制板图

组织名称	方格图（意匠图）	模拟效果图	电脑横机制板图
1×1罗纹			
2×1罗纹			
2×2罗纹			
圆筒			
满针罗纹			
底三平			

续表

组织名称	方格图（意匠图）	模拟效果图	电脑横机制板图
打鸡（罗纹空气层）			
密针珠地			
密针柳条			
1×1珠地			
1×1柳条			

续表

组织名称	方格图（意匠图）	模拟效果图	电脑横机制板图
挑孔	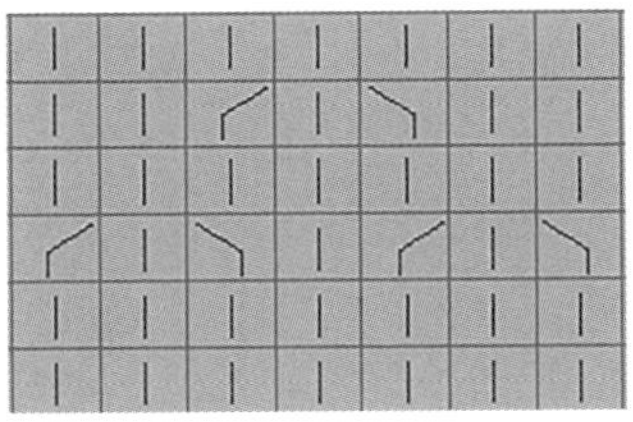		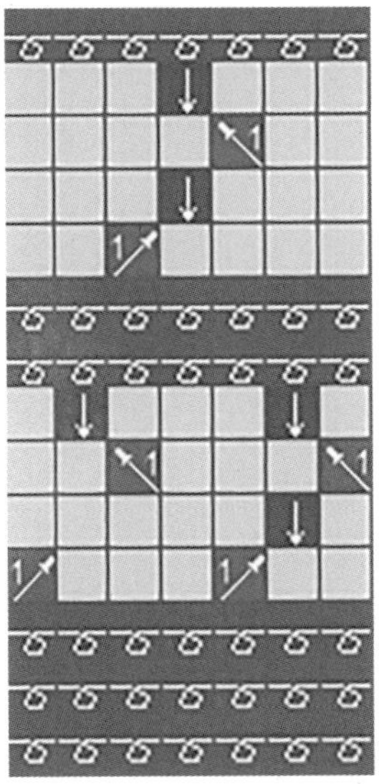
2×3 绞花左绞	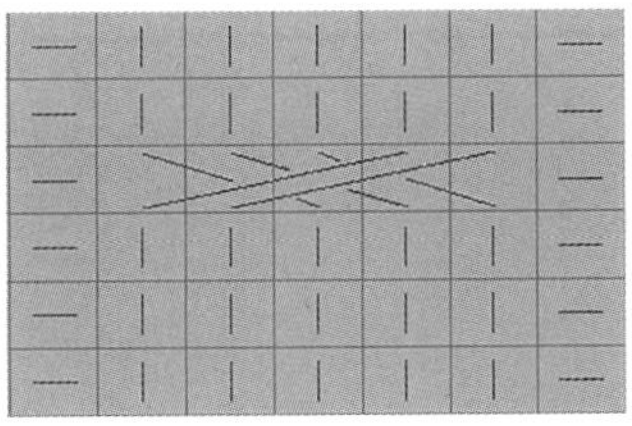		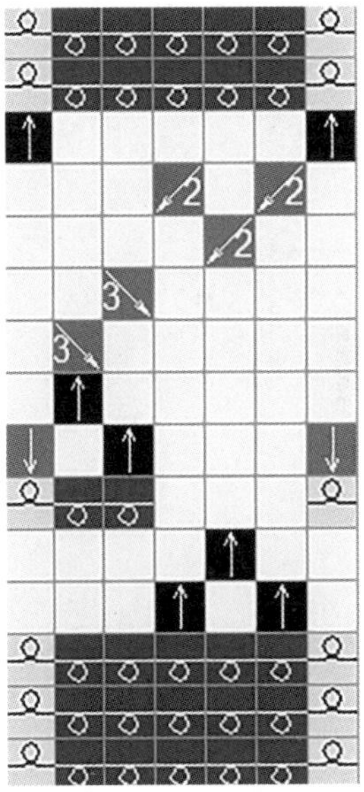

三 下数纸汇出方格纸

（一）汇出方格纸

完成下数设计后，即可由下数纸直接导入智能方格纸部分。具体操作如下：在幅片上点击鼠标右键，选择"汇出针织图像"，可把幅片汇出到智能方格纸界面中（也可以在菜单栏中点击"档案"→"汇出针织图像"，汇出所有幅片针织图像）。在汇出时有多个设定可以选择，如"织机设定""边缘保护""边缘放松"等，如图8-35所示。

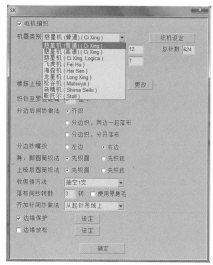
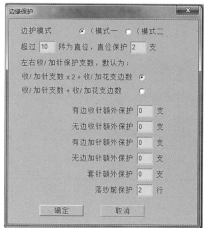

图8-35　织机设定、汇出设定

汇出针织图像后，界面显示按照工艺设计要求且与设计尺寸比例一致的幅片针织图像（图8-36），包括废纱、衫脚与大身等。

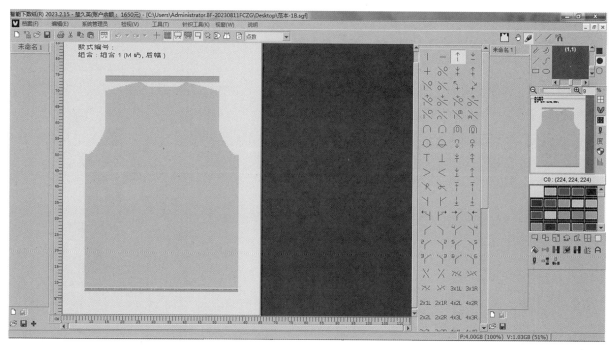

图8-36　后幅针织图像

（二）修改花型组织

由下数纸直接汇出的针织图像的大身部分显示的为基础组织。若针织服装要求其他花型，需在此幅片的基础上做花型填涂，既可以在幅片上直接绘制，也可导入已经绘制好的花型。这里以导入花型循环汇入为例，介绍幅片花型填涂的操作。

1.存储花型图案

如图8-37所示，先设计好花型组织，在已有的花型图案上截取循环，单击菜单栏中的"档案"，选择"汇出图像档案"，选择目标路径存储，其档案类型为"智能图像档"。

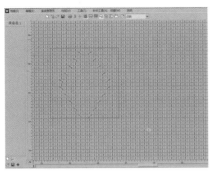 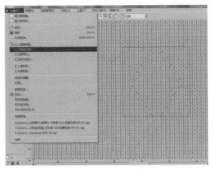 

（a）框选　　　　　　　　　　（b）汇出花型图案　　　　　　　　　　（c）保存花型图案

图8-37　汇出花型图案流程

2.导入花型图案

如图8-38所示，单击菜单栏的"档案"→"汇入图像档案"，设置读取档案类型为"智能图像档"，选择路径查找档案，打开即可汇入。选择工具箱中的"填色"—"图案填图"，用鼠标左键点击幅片中想要填入组织的位置。这里需要注意的是，幅片同一颜色范围会被填入单一花型，如需做多个组织，可以先用不同颜色区分幅片范围。

  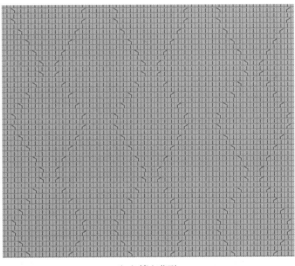

（a）汇入针织图像　　　　　（b）填色——图案填涂　　　　　　　　　（c）填上花型

图8-38　汇入花型循环流程

四　汇出电脑横机图

（一）纱嘴设置

完成花型组织填图后，在右方工具列上，选择如图8-39所示的工具箱下方" "纱嘴设定按钮，弹出纱嘴设置窗口，如图8-40所示，按照编织需求设置所使用纱嘴号码与位置。

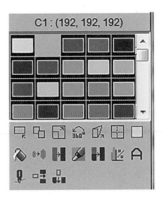

图8-39　纱嘴设置按钮

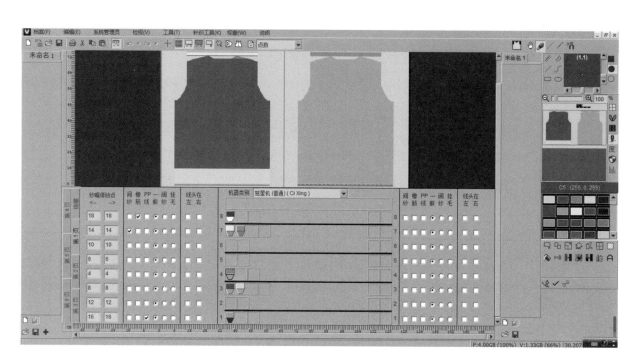

图8-40　纱嘴设置

（二）解译电脑横机图

排好纱嘴后点击"⬚"解译为电脑横机档，在机器设定中输入各度目字码，如图8-41所示，完成后点击左下方处"解译"按钮，就可以生成电脑横机制板档（以下简称"电机档"，如图8-42所示）。

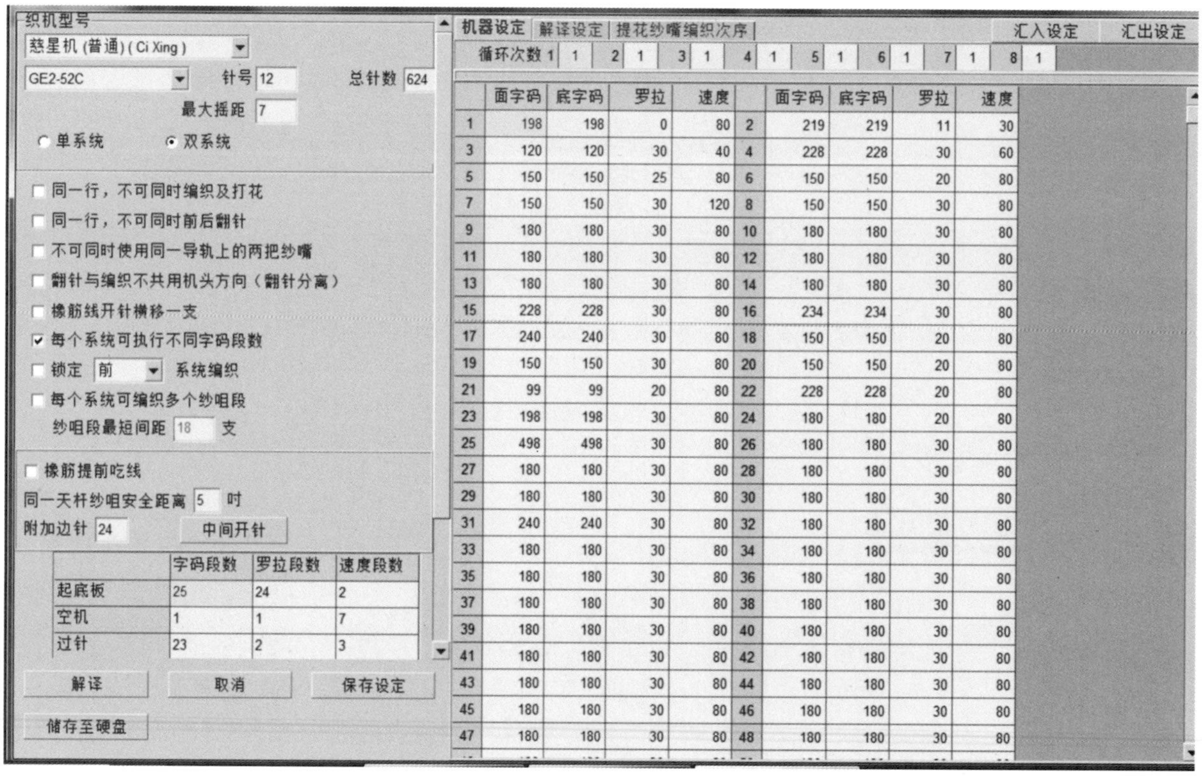

图8-41　机器设定

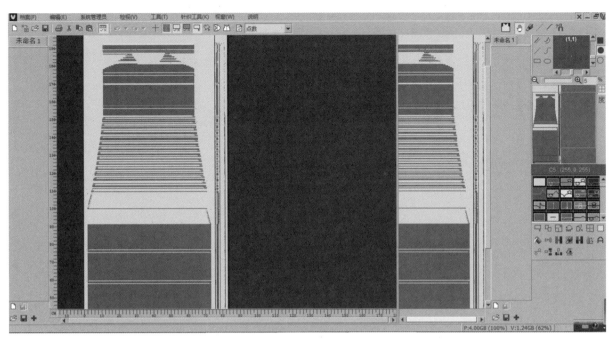

图8-42　电脑横机制板档

（三）导出上机文件

在电机档界面点击菜单栏的"档案"→"汇出至电脑织机"→弹出预览窗口→储存到 U 盘，即可上机编织。注意保存的CNT（动作）、PAT（花型）、PRM（循环）、SAV（上机参数）四种类型文件，除了SAV（上机参数）可以在电脑横机设备上设置并调整外，其他三种类型文件上机时均会用到。

思考题

1. 简述衫型范本与原始范本的区别，并说明各适用于哪类服装的工艺设计。

2. 简述电脑横机制板的一般图像与针织图像的区别，各有什么用途？

3. 简述如何运用智能系统设计间色横条服装纱线排列。

4. 简述如何运用智能系统放码。

5. 服装的生产成本包括哪些？其中的用纱成本如何核算？

6. 修改方格纸时要注意哪些方面内容？

7. 导出电脑横机制板图之前，设置纱嘴时应注意哪些事项？

8. 针织图像模式中的针织意匠图、针织组织模拟、普通图像、图像分区等子模式有何区别？各在什么情况下运用？

9. 运用智能系统设计工艺及电脑横机制板的一般流程是什么？

第九章
成衣缝合工艺

产教融合教程：成形针织服装设计与制作工艺

课题内容：

1.成衣缝合方式及技术要求

2.缝盘（套口）工艺

3.手缝工艺

4.成衣缝合工艺实例

课题时间： 5课时

教学目标：

1.了解成形针织服装成衣缝合方式及技术要求

2.理解并掌握缝盘（套口）工艺及其操作流程

3.掌握手缝工艺的方法及技术要点

4.结合成衣缝合工艺实例，独立完成间色针织衫的
成衣缝合

教学方式： 任务驱动、线上线下结合、案例、小组
讨论、多媒体演示、现场实践

实践任务： 课前预习本章内容（本课程线上资源），
用横机编织间色衣片，写出成衣缝合工艺，并完成
成衣缝合。要求：

1.优选缝线、缝迹及缝合设备

2.正确写出成衣缝合工艺

3.解决任务中的困难，完成成衣缝合

成形针织的成衣工艺是指对已编织成形的半成品衣片、袖片、领片等进行缝合，并通过各种方法对成衣进行的修饰和整理，以体现产品的款式风格和设计效果。成衣工艺与成形针织产品的款式、成本及服用性能等关系密切，应结合产品及企业实际情况合理制定。具有代表性的成衣工艺流程一般为：缝盘（套口）→查缝→挑撞（手缝）→查挑→照灯→洗水→脱水→烘干→照灯→熨衣→度尺→车标→查补→补衣→抽检→包装→入库→出货。缝盘（套口）、挑撞（手缝）、平缝等成衣缝合工艺是成衣工艺的重要组成部分，要求精细、严谨，应在保证款式特点和满足品质要求的前提下，制定高效、合理的缝合工艺流程。

第一节　成衣缝合方式及技术要求

一　成衣缝合方式

除一体成形针织服装外，成形针织服装均需经过缝合才能成衣。缝合方式有机械缝合与手工缝合两种。

二　缝合工艺要求

成形针织衫的原料品种繁多，款式千变万化，缝合设备、缝合工艺也多种多样。缝合工艺应综合考虑产品的款式、原料种类、织物组织、编织机械的机号等因素。缝合工艺要求如下：缝线与针织衫原料、颜色及细度相同或接近，缝迹与针织组织具有相应的延伸性，缝合牢度可靠，缝耗合适。

（一）缝线要求

用于缝制服装的线统称为缝线，用于成形针织服装缝合的缝线应尽量与所缝衣片原料、颜色及细度相同或接近，提花、拼色类产品应以缝合处占比大的颜色为缝线色。缝线的粗细应结合衣片原料细度、缝合设备、缝合方法及缝迹密度而定，过粗易导致缝合困难，过细则外观及牢度易受影响。一般情况下，为了缝合能顺利进行，缝线应比衣片所用毛纱稍细或粗细一致。

（二）缝迹要求

缝迹是指由缝线连接而形成的线迹。缝迹必须具备与被缝衣片及部位相适应的延伸性和弹性，并能防止衣片边缘线圈脱散，缝迹的强度直接关系缝合的牢固程度。

（三）缝合牢度要求

缝合牢度是指成形针织衫在穿着过程中经反复拉伸和摩擦，缝迹不受破坏的使用期限。缝合牢度受缝迹结构和缝线弹性的影响，穿着中经常受拉伸的部位要用有弹性的缝迹结构和缝线，以确保在使用时缝线不易被拉断而产生开缝脱线现象。

三　缝合技术要求

相较于手工缝合方式，机械缝合因其更高效而被广泛采用，常用的机械缝合方式有缝盘（套口）、链缝、平缝、包缝、绷缝等。

（一）缝盘（套口）

在缝盘机（套口机）上进行成衣缝合，为中高档成形针织服装的主要机缝方式。缝迹为单针链式线迹，缝线常为一根或多根衣坯原料毛线，套耗一般横向2~3横列，纵向1~2纵行，肩缝延伸率应不小于110%，挂肩、摆缝、袖底缝的延伸率应不小于130%。链式线迹如图9-1所示。

图9-1　链式线迹

（二）链缝

在链式车上使用链式线迹进行成衣缝合。当链线断裂时会发生边锁脱散，多用于衣片之间的缝合。缝线常为一根衣坯原料毛线，合缝缝耗一般为0.5~0.7cm，针迹密度11~12针/2.54cm，缝迹延伸率应不小于130%。

（三）平缝

在平缝机上使用直线型锁式线迹进行成衣缝合。缝线常为一根同色17tex×3棉线或16tex×3涤纶线；缝耗一般为细针3~4针，粗针1~2针，针迹密度11~14针/2.54cm。该线迹拉伸性较差，只能在袖口、袋边、拉链、商标等针织衫不易拉伸的部位使用，线迹如图9-2所示。

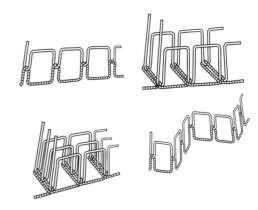

图9-2　锁式线迹

（四）包缝

在包缝机上进行成衣缝合。包缝可以使缝料的边缘被包住以防止脱散，面线多为一根同色17tex×3棉线或16tex×3涤纶线，底线为一根衣坯原料；缝耗一般为0.7cm，其中拷缝0.3cm、缝宽0.4cm，针迹密度10~14针/2.54cm，缝迹延伸率应不小于130%，线迹如图9-3所示。

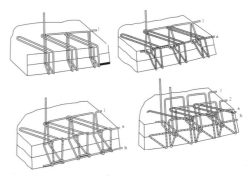

图9-3　包缝线迹

（五）绷缝

在绷缝机上进行成衣缝合，该线迹主要起拼接和装饰作用，强力和拉伸性好，能包覆缝料的边缘以防止织物边缘脱散。缝宽0.5cm，针迹密度10~14针/2.54cm，缝迹延伸率应不小于130%，线迹如图9-4所示。

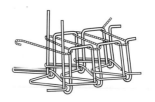

图9-4　绷缝线迹

第二节　缝盘（套口）工艺

一　缝盘（套口）机

缝盘机即圆盘缝合机，也称"套口机"，是成形针织服装成衣缝合的专用设备。可以高效、快速地完成针织衫衣片的缝合工作，效率远高于手工缝合。

（一）缝盘机结构

缝盘机机头部件名称如图9-5所示。

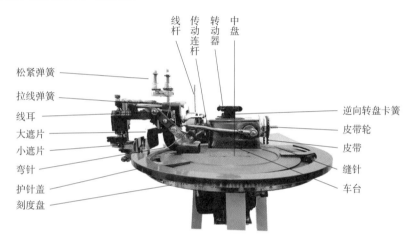

图9-5　缝盘机机头部件名称

（二）缝盘机种类

缝盘机一般分为直针缝盘机和弯针缝盘机。弯针缝盘机是缝针为弧形针，穿刺方式为从内向外的卧式缝盘机。因其价格便宜、操作维护简单、生产效率高而广受消费者青睐，市场占有率较大，弯针缝盘机如图9-6所示。直针缝盘机的缝针为直针，直式大针穿透力强，适合厚料缝制，但机器价格稍高，直针缝盘机如图9-7所示。

图9-6　弯针缝盘机

图9-7　直针缝盘机

（三）缝盘机规格

缝盘机的规格是根据缝盘机每英寸内的缝针数量来确定的，可通过查看针盘下刻度盘上1英寸内对应有多少支缝针来确定其规格。缝盘机一般有3针、4针、6针、8针、10针、12针、14针、16针、18针、20针、22针等规格，8针缝盘机规格如图9-8所示，12针缝盘机规格如图9-9所示。

图9-8　缝盘机规格（8针）

图9-9　缝盘机规格（12针）

（四）缝盘机机号规格选择

使用缝盘机缝合衣片时，需根据编织衣片的横机机号来选取合适的缝盘机机号与缝针型号。一般缝盘机机号应选取比横机机号高3机号左右，相互间的配合关系如表9-1所示。

表9-1　横机针号、缝盘机机号、缝针型号对应关系

横机针号	3针	5针	7针	9针	12针	14针	16针	18针
缝盘机针号	4~6	6~8	8~10	10~12	14~16	16~18	18~20	20~22
缝针型号	8~7	8~7	7~6	6~5	5~4	4~3	3~2	2

二　缝盘工艺

在缝盘机上进行的缝合动作主要是穿眼和刮边。穿眼是指将生口（织片与废纱衔接处）的某横列线圈顺序轮流对眼穿上缝盘后进行套口操作，以免拆纱后脱落。刮边是指将两片待缝合衣片死口（织物无废纱衔接的边缘）的线圈纵行顺序套上缝盘之后进行缝合。无论何种缝合动作，缝线均需保持一定的拉伸性和弹性，不可包住废纱。

（一）缝盘机穿线

缝盘机穿线如图9-10所示。缝盘机线筒放在纱线座上，绕过线杆架后，穿引顺序为：前线耳→S形绕过2个线片→后线耳→上线耳→中线耳→挑线弹簧→下线耳→缝针，缝线要从针的下方向上穿过弯头针眼。

图9-10　缝盘机穿线

（二）缝盘机工作过程

缝盘机缝合的基本过程：进针→入线→退针→送布→紧圈。

1.进针

在缝合过程中，缝合弯针针尖穿过被缝合织物的阶段。在此阶段，缝针头部沿针刺槽从织物的线圈中穿过，以便形成缝线。

2.入线

在缝合过程中，引针带动缝线，穿过被缝合织物的阶段叫入线。入线阶段针鼻穿入织物时，弯针针尖顺着直针（挂衣针）的凹槽运动，引入缝线的长度随着引针的穿入逐渐增加，直至形成所需的线迹。

3.退针

在缝合过程中，缝针从被缝合的织物中退出，弯针抽回时，针的凹面处纱线形成一个圈环，缝线线圈由于挑纱钩的穿过继续留在被缝合织物外侧的阶段，称为"退针"。

4.送布

在缝合过程中，由电机、皮带轮、皮带和脚踏板控制开关的连动，缝针从被缝合织物中退出后，使被缝合衫片移过一个缝迹间距，以备下一次进针的阶段叫作"送布"。

5.紧圈

在缝合过程中，挑纱钩的运动使在入圈时套在其缝线的线圈脱下，并拉紧缝线，使其处于正常使用状态的阶段，称为"紧圈"。

（三）缝盘工艺流程

缝盘机成衣缝合工艺流程一般为：检验衣片→锁眼→合肩→绱领→绱袖→埋夹。

1.检验衣片

检验衣片工艺：检验衣片规格、衣片数量、织物密度、组织结构、针纹路、开针数、转数等是否符合工艺单要求；检验纱线质量：检验衣片所用纱线的支数、条数，是否存在纱线不同缸、花纱、粗细不均匀等现象；检验衣片织造质量：检验衣片是否存在漏针、烂边、破洞等现象。如发现上述衣片质量问题，应及时进行修补或者重新编织，不能将有问题的衫片缝合。

2.锁眼

为了避免袖子、肩部、前后领平位等有废纱的位置拆纱后出现线圈脱散的现象，用缝盘机将半成品衣片在上述位置进行缝盘机一刺针对衣片一针目（也称"针对针"）的套缝固定称为锁眼。锁眼位置一般在废纱下第二行，锁眼后将废纱拆除。

3.合肩

合肩是指将前后幅肩位缝合在一起。前后衣片肩部针数一般相等，合肩时采用针对针穿眼，首尾各5针须对位，坑条组织需对坑，缝迹在肩锁眼线下一行。肩宽尺寸常通过放膊带来控制，常见的膊带种类有透明膊带、尼龙膊带、棉膊带以及衣片同材质膊带等。缝合时膊带放在后幅，两边止口折入约1cm长，膊带尺寸要求准确。

4.绱领

绱领是缝盘工序中最复杂的一道工艺，领贴生口要求穿眼、刮边要顺，缩拉保持均匀，套缝后拆除废纱。绱领时需对位衣片记号与领贴记号分段进行，按工艺顺序依次循环至全领套缝完毕。衣片领圈工艺为收假领的，需修剪余量；为间纱落片的，需拆除多余废纱。上盘衣坯位置：穿领贴（松行或过单面行）时，领贴正面线头在左边的，无线头边先上盘；领贴正面线头在右边的，有线头边先上盘。领圈刮边上盘时，圆领衫由前幅膊骨直位上盘，Ｖ领由前领中位上盘。

（1）单层罗纹领。绱领工艺：第一步，领贴生口穿眼。将罗纹领倒置，起口位朝上，反面朝操作者方向，缝盘机一刺针对领贴线圈一针目逐个穿眼；第二步，衣片领圈刮边。合完肩的衣片反面朝操作者方向，结合上盘尺寸对位衫片记号与领贴记号，自衣片前幅向后幅刮边至针盘上；第三步，套缝。

（2）双层领。双层领是指半成品领贴高度为规格表里领高尺寸的两倍，需通过对折缝合的方式达到成品领高尺寸的领型。绱领工艺：第一步，领贴生口穿眼。领贴倒置，起口位朝上，反面朝操作者方向，缝盘机一刺针对领贴线圈一针目逐个穿眼；第二步，衣片领圈刮边。合完肩的衣片反面朝操作者方向，结合上盘尺寸对位衣片记号与领贴记号，自衣片前幅向后幅刮边至针盘上；第三步，领贴起口端上盘。结合成品领高尺寸确定领贴折边量后，对位衫片记号与领贴记号刮边领贴上盘。领贴为无起口编织的，需穿眼上盘；第四步，套缝。

（3）罗纹圆筒领。罗纹圆筒领是指先编织罗纹组织再编织圆筒组织，用圆筒组织包缝衫片的领型。绱领工艺：第一步，前针床编织的圆筒线圈穿眼。领贴罗纹起口位朝上，反面朝操作者方向，将前针床编织的圆筒线圈穿眼；第二步，领圈刮边。合完肩的衣片反面朝操作者方向，结合上盘尺寸对位衣片记号与领贴记号，自衣片前幅向后幅分段刮边至针盘上；第三步，后针床编织的圆筒线圈穿眼。将领贴另一边圆筒线圈均匀地盖压在衣片对应的位置上进行穿眼；第四步，套缝。

领贴织法不同，缝合工艺也不一样，但不论何种领型，缝好后正面都呈现短链条的线迹，反面是辫子线迹，即链式线迹。领正面线迹如图9-11所示，领反面线迹如图9-12所示。

图9-11　领正面线迹　　　　图9-12　领反面线迹

5.绱袖

绱袖是指将袖子按设计要求套缝到已完成合肩、绱领的半成品衣片上。绱袖时从夹底第一针开始，对齐袖片与衣片，保持刮边量相等顺刮均匀上盘，不能有拉缩现象。袖尾缝锁眼线下一行，袖尾中心记号对肩缝向前幅偏移0.5cm左右，左右袖缝法相同。

6.埋夹

埋夹是指将衣身前后幅侧边及袖片底边一次性进行缝合。对齐前后衣片及袖片，从侧缝下摆处开始顺刮上盘，经袖窿点至袖口处对位均匀缝合。直边位置不可吃边，不能多刮，也不能少刮，保持纵行的连续性；腰位有加减针的，要刮顺并前后幅对收加减针位。

（四）常见缝盘工艺疵点及解决方法

缝盘机进行成衣缝合过程中的操作不当会导致出现各种疵点，常见的疵点有漏眼、锁错眼、吃边、缝线不规则、缝线错色、缝线松紧不一、对位不合、膊位左右不对称、间色不对条、领形歪斜、领口缝线松紧不一、胸贴不平贴等。

1. 漏眼

漏眼是因锁眼不正，上眼穿在针与针之间的空位处导致拆纱后出现活口线圈脱落的现象。漏眼不可接受，需要返缝。漏眼不但修补费时而且不美观，造成次货损失。解决方法：在穿眼时，按一刺针对一针目穿入缝盘针上（即每个有脱散性的线圈都要按顺序穿入盘针）。

2. 锁错眼

锁错眼是因穿错行导致出现不在同一行上锁眼的现象。锁错眼易导致纱口不齐、高低行、拆纱困难，常因过于追求缝合速度或技术不够熟练所致。解决方法：在锁眼时，按衣片同一行穿在缝盘机上。

3. 吃边

吃边是因不在同一纵行刮边而出现的衫片边缘不整齐的现象。吃边易造成衫片弯曲有缺口状，影响成衣造型美观，需拆去吃边部分重新缝合。解决方法：在刮边时，按衣片纵行的针坑直刮在缝盘机上。

4. 缝线不规则

缝线不规则是因穿缝线不正确或缝盘机故障，导致有不规则或间断性的缝线耳仔、跳线、断线等现象。解决方法：调节缝盘机松紧弹簧上的螺母、挑线三角与弯针至最佳位置，弯针与盘针∨形槽对准。

5. 缝线错色

缝线错色是因缝合线选择错误而出现缝线与衫片不对色的现象。缝线错色破坏针织衫美观，影响成衣整体效果。解决方法：重新选择与衣片相同的纱线或按要求使用缝线。

6. 缝线松紧不一

缝线松紧不一是因缝座的弹簧调压太松、太紧或因穿毛不正确导致出现的缝骨无弹力、易断、爆线、起蛇、抛线等现象。解决方法：根据工序要求及时调节张力器。

7. 对位不合

对位不合指衫片上盘时没按记号点对位。对位不合易导致成衣尺寸不一、刮边拉缩不匀、绱袖转角不圆顺、缝线起皱等现象。解决方法：按衣片上的记号点对位。

8. 膊位左右不对称

除小平膊外，肩阔尺寸可采用膊带来控制。膊带尺寸计算有误或剪带不均匀会导致膊位不对称，左右膊位不对称会影响成衣肩阔尺寸。解决方法：铺平按尺寸要求剪膊带，左右膊上盘尺寸、缝线需保持一致。

9. 间色不对条

间色不对条指缝合间色衫时，膊位两边出现间色不对称、绱袖间条不对齐、衫脚罗纹间条不对齐等现象。间条衫在进行侧缝、袖、领、口袋、门襟等部位的缝合时一般需要对间条缝合。解决方法：拆除缝线，缝盘时衣片间条需对齐。

10.领形歪斜

领形歪斜指领形出现左右不对称，圆领缝合不圆顺，Ｖ领缝合不对中心点等现象。解决方法：缝盘时应按收领花位顺斜，缝耗保持一致，左右领手势相同、分针均匀。

11.领口缝线松紧

套缝领口时，领口缝线易出现过松或者过紧的现象。缝线过松套缝处易出现蛇形，影响成衣美观；缝线过紧穿着时易被拉爆线。解决方法：调试领缝线迹的延伸率，应不小于130%。套头衫款式领口的最小套过头尺寸见表9-2。

表9-2　领口双拉最小套过头尺寸

款式	领口双拉最小套过头尺寸 /cm	领口双拉最小套过头尺寸 / 英寸
成人男装	32	12 4/8
成人女装	30	11 6/8
童装	28	11

12.胸贴不平贴

胸贴不平贴指开胸款因两边胸贴缝合不一致，出现的缝合位置高低不平、衫袋不对称、门襟上吊、门襟下垂、门襟聚针、刮边两边不一致等现象。解决方法：对准衣片的对号位，左右两边顺刮上盘，保持相同手势。

第三节　手缝工艺

一　手缝功能

除采用机械缝合外，成形针织服装成衣缝合也可采用手工缝合的方式。手工缝合俗称"挑撞"，挑是指不同衫片纵行线圈及斜向线圈的连接，撞是指不同衫片横列的连接。衬衣领、圆领接口处、Ｖ领的领嘴、开胸衫直纹贴、圆筒胸贴的收脚、袋口的横贴、圆筒位以及各种收口的位置均需采用手工缝合方式。手工缝合可以完成机械缝合难以实现的工作，针迹变化大，缝迹机动，缝合工艺性强。

二　手缝工艺分类

（一）普通手缝

普通手缝主要指用于衣片缝合的手缝，常用的有回针缝、切针缝、完形缝、缭缝、钩针链缝等。

1.回针缝

回针缝是在重叠的缝片上不断进行垂直折回的缝合技术，缝合各种组织结构的衫身、袖底缝等均可适用。单面组织、三平、四平等织物的衫身及袖底合缝时，一般采用四针（眼）回二针（眼）的方法；畦编类织物常采用两针回一针的方法缝合。回针缝如图9-13所示。

2.切针缝

切针缝是在重叠的衣片上不断进行斜线折回的缝合技术，常采用二针一折回的方法。切针缝常用于缝合线圈纹路不同的织物或用于横列与纵行的缝合，如缝合挂肩带、绱袖、绱领等。也可用于横列与横列、纵行与纵行的缝合。切针缝如图9-14所示。

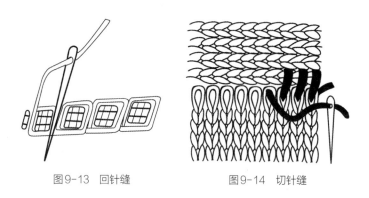

图9-13 回针缝　　　　图9-14 切针缝

3.完形缝

完形缝包括对缝与接缝，是指在衣片线圈正对的情况下，按织物线圈形成的方式进行的缝合。完形缝缝合后，能使衣片缝合处形成一个整体，不留缝合痕迹（图9-15）。完形缝缝合时，需使用与被缝合衣片相同的纱线作为缝线，缝合时拉线力度要均匀，缝出的线圈与衣片线圈大小一致、形状相同。完形缝常用于需不留缝迹的部位缝合，如袋部、高档羊毛衫肩部的缝合等。

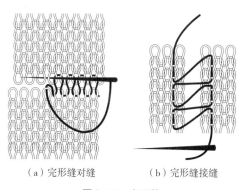

（a）完形缝对缝　　（b）完形缝接缝

图9-15 完形缝

4.缭缝

缭缝是将两衣片缭在一起的缝合方法，常采用一转缝一针的方式。主要用于缝羊毛衫下摆边、袖口边、裙摆边等。

5.钩针链缝

钩针链缝指采用钩针，用链式缝迹将两片织物缝合在一起的方法。钩针链缝可用于针织衫肩缝、摆缝、袖底缝等处的缝合。

（二）特殊手缝

针织衫的花色一部分依靠编织机直接编织，另一部分是在成衣时利用修饰方法获得的。针织衫的修饰主要依靠特殊手缝工艺实现。手缝修饰的常用方法为绣花、扎花和贴花等。

（三）修补手缝

1. 漏针修补

漏针修补是指沿线圈纵行发生的脱散，可使用带有针舌的钩针（织针）套住脱散后的线圈（顺编织方向逐个套住→脱圈→套住→脱圈……）进行修补的过程，如图9-16所示。

图9-16 漏针修补

2. 破洞修补

多横列或多纵行线圈断裂后，缝片会形成较大的破洞。需先沿横列方向补搭所断裂的纱线，用钩针套住脱散线圈并与所搭纱线按漏针修补的方法逐个套圈、脱圈修补每一纵行后，用手缝针按完形缝对缝的方法完成破洞修补。破洞修补过程如图9-17所示。

（a）破洞位置　　　　　　（b）搭纬线　　　　　　（c）完形缝对缝

图9-17 破洞修补过程

三 常见手缝工艺疵点及解决方法

（一）线头

废纱线及多余的原身毛纱未拆干净时，通常将衣片上的间纱及多余的毛纱抽除即可。线头未修理干净、线头外露太长、勾藏线头太短、没有反底收线、收线太松或太紧时，需用舌针（或织针）将锁眼线两端线头勾入背面或缝份内侧，修口挑3针，并将内外裸露线头清剪干净。

（二）领贴穿眼横行位置未拉眼或拉眼不均

领贴缝合拆除废纱后表面会产生浮线圈（即耳仔），需两手同时捏住缝合线两边，反向稍用力拉伸可让线圈紧致。

（三）领部不平整

挑领起针时，两边缝线未对齐、线拉力过松或过紧、露挑撞线、缝合骨位与领高度不平衡时，领口交接位用缝线对位，接位处保持与领高一致，线拉力保持不露挑线即可。

（四）V领弯斜

V领弯斜时，需从面针第一行开始起针，两边对称，V领领形要尖，两边对支数挑，不露挑线，挑起高度根据领高而定。

第四节　成衣缝合工艺实例

一　女装圆领套头长袖衫缝合工艺

（一）衣片特征

女装圆领套头长袖衫款式如图9-18所示，由前片、后片、袖片（×2）、领贴共5幅衣片组成。全件衣片为单面纬平针组织，领贴为1×1罗纹；前、后、袖片收夹为4支边，袖片距顶部夹花位收无边花转圆角；前、后衣片收腰；前、后衣片肩位停针做肩斜；领贴起口有放松行，结尾过单面1转，领贴上有缝合记号。

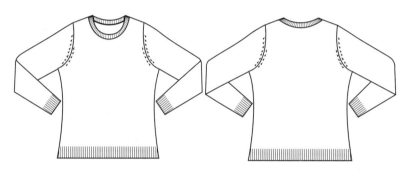

图9-18　女装圆领长袖套头衫款式图

（二）缝合工艺流程

成衣缝合流程是以成衣工艺为指导，分析衫片的组织结构，选择合适的缝合机号及缝合线，合理制定出的将多幅衫片缝合成衣的过程。女装圆领套头长袖衫缝合工艺流程一般为：锁眼→合右肩→绱领→合左肩→绱左右袖→埋夹→挑撞。女装圆领套头长袖衫规格如表9-3所示。

表9-3　女装圆领套头长袖衫规格表　　　　　　　　　　　　　　单位：cm

部位	身长	胸阔	肩阔	夹阔	袖阔	袖长	领阔	领深
尺寸	58	44	35	20	15	55	18	9

（三）缝合工艺详解

2条纱线编织的7针女装圆领套头长袖衫，缝合线选用2条与衫身同样的纱线，线色与衣片颜色相匹配。缝盘机号比编织机机号高3号左右，即应选择10针缝合机。套口眼对眼缝合；4支边收夹花，横向缝耗为2支针（即缝合为2支针，缝合后见2支边）；纵向锁眼位为间纱下第2横列，套缝第3横列。缝合时不允许出现针纹歪斜、拉缩或漏眼现象，缝合后线迹弹性适宜。

1.锁眼

在前后衣片、袖片、肩斜部位的停针位置、前后领平位、袖山头位置锁眼。衣片反面朝向操作者方向，操作时双手拿住衣片，左手在下，右手在上。左手大拇指和食指捏住衣片前端，右手无名指与手掌夹住衣片的后端，中指辅助。两手大拇指和食指相互配合调整衣片的拉伸程度，使相邻线圈的横向圈距

与缝针的间距相等，将衣片
废纱下第二行的线圈分段依
次按一刺针对一针目逐个穿
针编弧至缝盘针上，缝盘机
缝合完毕即完成锁眼。锁
眼前可先将废纱穿入针盘
中，调节缝线松紧度至适合
状态后再进行正式锁眼。锁
眼手形及操作方法如图9-19
所示。

　　2.前后幅合右肩

　　将前、后衣片的右肩位缝
合在一起。调整缝合线松紧
度，合肩时缝线应比锁眼适当
调紧些。后幅正面朝操作者方
向先上盘，前幅反面朝操作者
方向后上盘，前、后幅的头
5针和尾5针需保持对位。穿
锁眼线下一行按照锁眼手势
依次顺刮上盘，操作方法如
图9-20所示。

　　3.绱圆领

　　此领贴为双层，领贴结尾
过正面行。领贴起口位朝上，
反面朝向操作者，用右手大拇
指和食指捏住领贴前端，左手
大拇指和食指辅助，将领贴针
编弧线圈分段依次按一刺针对
一针目逐个穿入缝盘针上；将
合右肩后的衣片反面朝向操作

（a）锁眼手形

（b）盘针穿眼

（c）袖片锁眼挂针盘

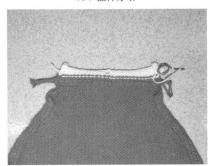

（d）袖片锁眼完成

图9-19　锁眼操作

（a）后片肩位上盘

（b）盖前片肩位

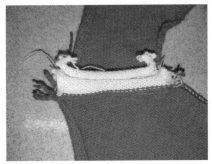

（c）肩位合缝后反面

（d）肩位合缝后正面

图9-20　前后幅合右肩操作

者，以前领边膊头锁眼线为起始位，直位刮边2支针，斜位同等缝耗按收针位的弧形顺刮上盘，前后领平
位穿锁眼线下一行，按左前领斜位、前领平位、右前领斜位、右后领斜位、后领平位、左后领斜位顺序依
次与领贴记号位对齐；1×1双层领贴盖起口松行位置，保持一刺针对一针目一行平齐上盘，套缝绱圆领。
操作方法如图9-21所示。

（a）领贴起口位朝上穿眼

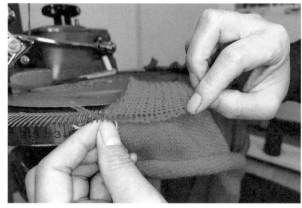

（c）领贴盖起口松行

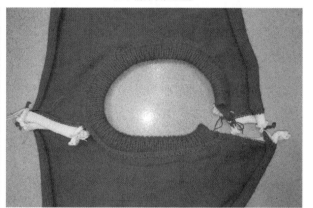

（b）前片领位上盘

（d）领贴反折后对下眼

图9-21　绱双层领操作

4.前后幅合左肩

将前、后衣片的左肩位缝合在一起。后幅正面朝操作者方向先上盘，前幅反面朝操作者方向后上盘，分别从左肩端点至领口边顺序上盘，刮至罗纹双层领的顶位，前、后幅的头5针和尾5针需保持对位。穿锁眼线下一行按照锁眼手势依次顺刮上盘，领贴罗纹刮1.5支，罗纹前片位置要对缝，罗纹手工挑撞缝合。操作方法如图9-22所示。

（a）左肩膊头上盘位

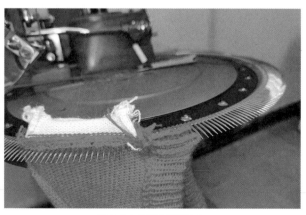

（b）合左肩膊头到领边位

图9-22　前后幅合左肩操作

5.绱左右袖

绱袖即按设计要求将左右袖片分别套缝到前后衣片上，是缝合中较重要的工序。衣片前幅正面朝操作者方向从夹底套针处针穿刮2支边上盘，沿收夹方向过肩缝至后幅套针位；袖片反面朝操作者方向，采用与前幅相同的上盘方法，沿袖边过袖子转角位至另一侧袖边套针位；袖尾锁眼线对前幅记号位置，袖尾缝锁眼线下一行；袖尾中心记号对肩缝偏移前幅0.5cm左右，整烫时肩缝折在衣身后部。左右袖套缝方法相同。绱袖缝合操作如图9-23所示。

（a）前幅夹底上盘

（b）袖子上盘

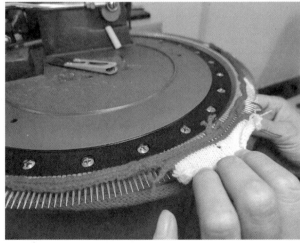
（c）袖中孔过前幅

（d）绱袖缝合

图9-23　绱袖操作

6.埋夹

埋夹是指分别将前、后片两侧缝及袖片两边缝合成筒状。前幅正面朝操作者方向先上盘，衫脚罗纹上10～12cm处放洗水尺码标，后幅反面朝操作者方向后上盘，分别从衫脚（罗纹边）开始刮边，经衫身夹底位、腋下，沿袖边刮至袖口罗纹边。脚边均需对齐，衫脚刮1.5支边，衫身刮2支边。埋夹缝合操作如图9-24所示。

（a）埋夹衫脚边对齐　　　　　　　　　　　　　（b）埋夹放尺码标

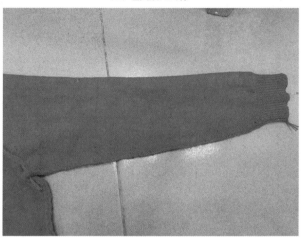

（c）埋夹刮边　　　　　　　　　　　　　　　（d）袖片缝合成筒状

图9-24　埋夹缝合操作

7.挑撞

（1）拆间纱：将衣片上的所有废纱及多余的原身毛纱拆干净。用力须均匀，以防出现抽纱现象。

（2）修线头：用舌针（或织针）将锁眼位置的线头勾入背面或缝份内侧，修口挑3针，并将内外裸露的线头清剪干净。

（3）挑圆领：在领口背面的交接位，用手缝针在两侧领贴上两行对两行进行缝线对位，按完形缝接缝方法缝合。接位处保持与领高一致，不露挑线。

（4）拉眼：将领贴浮线圈（耳仔）用两手分别捏住缝合线两边，均匀地稍用力拉伸，使线圈紧致。

（5）加针：在缝合连接的边缘和薄弱部位进行手工加针。分别在下摆边、袖口边、腋下部位进行手工加固。

二　女装连帽开胸长袖衫缝合工艺

（一）衣片特征

女装连帽开胸长袖衫款式如图9-25所示，由前片、后片、袖片（×2）、帽片、袋片、袋贴（×2）、胸贴（×2）、帽贴共11幅衣片组成。全件衣片为单面纬平针组织；前片、后片、袖片收夹为4支边，袖片距顶部夹花位收无边花转圆角；前衣片中间位从脚边空1支针直上；前、后衣片肩位停针做肩斜；帽片和袋片中间位空1支针；胸贴、袋贴、帽贴头尾织废纱，废纱连接处有放松行并有缝合记号。

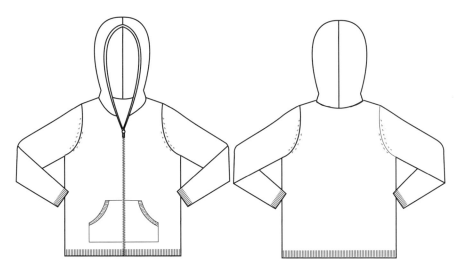

图9-25　女装连帽开胸长袖衫款式图

（二）缝合工艺流程

女装连帽开胸长袖衫缝合工艺流程一般为：锁眼→绱口袋贴→绱口袋→合帽片→绱帽贴→绱胸贴→合肩→帽片与前后领对缝→绱左右袖→埋夹→挑撞。女装连帽开胸长袖衫规格见表9-4。

表9-4　女装连帽开胸长袖衫规格表　　　　　　　　　　　　　　　单位：cm

部位	身长	胸阔	肩阔	夹阔	袖阔	袖长	领阔	领深
尺寸	62	47	37	21.5	16.5	59	21	10

（三）缝合工艺详解

2条纱线编织的7针女装连帽开胸长袖衫，缝合线选用2条与衫身同样的纱线，线色与衣片颜色相匹配。缝盘机号比编织机机号高3号左右，即应选择10针缝合机。套口眼对眼缝合；4支边收夹花，横向缝耗为2支针（即缝合为2支针，缝合后见2支边）；纵向锁眼位为间纱下第2横列，套缝第3横列。缝合时不允许出现针纹歪斜、拉缩或漏眼现象，缝合后线迹弹性适宜。

1.锁眼

在前后片、袖片、帽片、袋布片、肩斜部位的停针位置、前后领平位、袖山头位置锁眼。

2.绱口袋贴和口袋

绱口袋贴和口袋，即把套缝好口袋贴的口袋布片缝合至前衣片上。分别包缝好两边袋贴后，将前幅衣片正面朝操作者方向，废纱位朝上，沿着衣片大身第一行左侧记号位开始顺刮上盘至右侧记号位，穿眼平齐一行过；口袋由袋贴位开始对衣片相应记号位上盘，刮细边，对齐直角、对齐中空针位、对齐记号位缝合；袋顶位由袋布先上盘，反面朝向操作者穿眼后，将前幅衣片反面朝向操作者，按记号位一行平齐对袋布缝合。操作方法如图9-26所示。

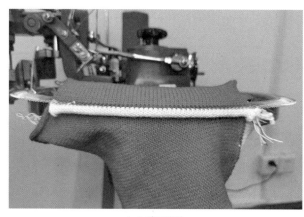
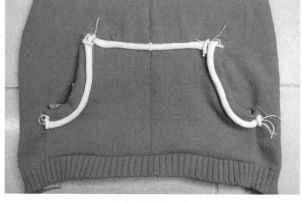

（a）缭口袋贴　　　　　　　　　　　　　　　（b）前幅缭完口袋

图9-26　缭口袋操作

3.合帽片、缭帽贴

合好帽片之后，用双层空转帽贴包住帽片。先将帽片沿中空针位用剪刀剪开，后沿帽片曲线套合成帽子；帽贴反面朝操作者方向，将帽贴线圈依次按一刺针对一针目逐个穿入缝盘针上；套合成形的帽子反面朝操作者方向，距帽中空针位下顺刮3支针上盘，刮完后盖帽贴套缝。缭完帽贴如图9-27所示。

4.缭胸贴

缭胸贴是指用双层空转胸贴包住前幅衣片。胸贴反面朝操作者方向，将胸贴线圈依次按一刺针对一针目逐个穿入缝盘针上；缭好袋布的前片及袋布沿中空针位剪开后，反面朝操作者方向，由衫脚开始顺刮3支针上盘至领底平位；袋布与前片按记号位对齐顺刮后，盖胸贴套缝。另一片由领底平位上盘至衫脚位，套缝方法相同。缭完胸贴后的半成品如图9-28所示。

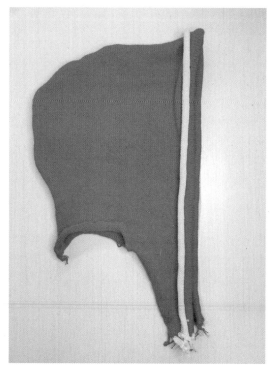
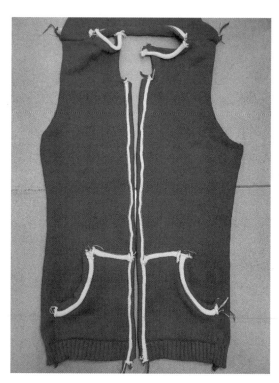

图9-27　缭帽贴　　　　　　　　　　　图9-28　缭完胸贴的半成品

5.前后幅合肩

合肩即分别将前、后衣片的肩位缝合在一起。按照锁眼手势操作，盖前幅时衣片反面朝操作者方向。

6.帽片与前后领对缝

前幅正面朝操作者方向，由前领底平位顺刮至膊顶经后幅斜位至后领底平位；帽片反面朝操作者方向，帽片斜位与前领斜位对齐顺刮至膊顶，帽片中缝合位对后幅中间记号位；再用同样操作方式沿着后领至前领底平位，按记号顺刮对齐后套缝。

7.绱左右袖

左、右袖按工艺要求套缝到衣片上，缝法与圆领套头衫相同。

8.埋夹

分别将前、后片两侧缝及袖片两边缝合成筒状，缝法与圆领套头衫相同。

9.挑撞

（1）拆间纱：将衣片上的所有废纱及多余的原身毛纱拆干净。用力须均匀，以防出现抽纱现象。

（2）修线头：用舌针（或织针）将锁眼位置的线头勾入背面或缝份内侧，修口挑3针，并将内外裸露的线头清剪干净。

（3）圆筒胸贴收脚、圆筒胸贴与帽贴接口、袋口横贴等处的缝合：圆筒胸贴收脚、圆筒胸贴与帽贴接口的位置可采用完形缝接缝的方法完成，袋口横贴可采用回针缝的方法完成。

（4）拉眼：将帽贴、胸贴和口袋贴的浮线圈（耳仔）用两手分别捏住缝合线两边，均匀地稍用力拉伸，使线圈紧致。

（5）加针：在缝合连接的边缘和薄弱部位进行手工加针。分别在下摆边、袖口边、腋下、口袋口部位进行手工加固。

三　女装长裤缝合工艺

（一）衣片特征

女装长裤款式参见图6-8，由左片、右片、腰贴共3幅衣片组成。全件衣片为单面纬平针组织，腰贴为1×1罗纹组织；衣片前裆平位小，后裆平位比前裆平位宽；腰贴罗纹起口位置有放松行，结尾过单面1转，并有缝合记号。

（二）缝合工艺流程

女装长裤缝合工艺流程为：锁眼→合前后裆→下裆缝→折缝腰贴→挑撞，其规格见表9-5。

表9-5　女装长裤规格表　　　　单位：cm

部位	裤长	裤头阔	裤阔	前裆深	后裆深	裤口阔
尺寸	102	36	26	33	37	10.5

（三）缝合工艺详解

1条纱线编织的12针女装长裤，缝合线选用1条与裤子同样的纱线，线色与裤片颜色相匹配。缝盘机号比编织机机号高3号左右，即应选择16针缝合机。

1.锁眼

左、右裤片结尾处线圈逐个穿入缝盘针上进行锁眼。

2.缝合前后裆

裤片正面朝操作者方向，弧形较小的前裆先上盘，盖前裆时反面朝操作者方向，分别从前裆平位起顺刮2支边至锁眼线；弧形较大的后裆的缝法与前裆相同。

3.下裆缝

下裆缝也称"埋夹"，是将裤片内骨缝合在一起成筒状。

4.折缝腰贴

腰贴为罗纹空转，腰贴结尾过正面行。腰贴反面朝操作者方向，起口位朝上，将腰贴线圈逐个穿入缝盘针上；裤片反面朝操作者方向，从后裤腰穿锁眼线下一行顺刮至前裤腰，对齐腰贴记号；拆除裤片废纱；1×1双层腰贴盖起口松行。

5.挑撞

（1）拆间纱：将腰贴上所有废纱及多余的原身毛纱拆干净。用力须均匀，以防出现抽纱现象。

（2）修线头：用舌针（或织针）将锁眼位置的线头勾入背面或缝份内侧，修口挑3针，并将内外裸露的线头清剪干净。

（3）拉眼：将裤贴上的浮线圈（耳仔）均匀拉伸，使线圈紧致。

（4）加针：在裤脚边和裆下进行手工加固。

思考题

1.成形针织服装缝合的缝线为什么常与所需要的缝衣片纱线相同？

2.成形针织服装为什么常选择单线链式缝迹？

3.圆领成衣缝合工艺有哪些步骤？V领绱领贴由哪里先上盘？

4.简述成衣出现领弯斜的原因。

5.举例说明成形针织服装套缝时出现疵点的对应解决方法。

6.举例说明成形针织服装手缝时出现疵点的对应解决方法。

第十章

成形针织服装后整理工艺

产教融合教程：成形针织服装设计与制作工艺

课题内容：

1. 常规整理

2. 功能整理

课题时间： 3课时

教学目标：

1. 掌握缩绒整理的机理与影响因素

2. 熟悉整烫设备与整烫方法

3. 熟悉功能整理包含的内容，掌握各功能整理目的与方法

教学方式： 任务驱动、线上线下结合、案例、小组

讨论、多媒体演示

实践任务： 课前预习本章内容（本课程线上资源），选取两种不同材质的成形针织服装，比较其性能特点，说明后整理要求，设计整理项目与方法（整理项目不少于3项），查阅资料写出整理工艺。要求：

1. 成形针织服装材料性能分析合理准确

2. 整理项目与方法设计合理，与材料性能相符

3. 整理工艺流程与工艺参数合理

4. 制作PPT并在课堂汇报

成形针织服装的后整理是指通过物理方法、化学方法或物理和化学相结合的方法，来改善产品的外观和内在品质，提高针织物的服用性能或其他应用性能，或赋予针织物某些特殊功能的加工过程。因成形针织服装的纱线成分、织物组织结构及助剂不同，后整理工艺也有所不同。可分为常规整理和功能整理，包括缩绒、水洗、整烫定型、防起球、防缩、柔软、起绒、防蛀整理等。

第一节　常规整理

成形针织服装常规整理主要包括缩绒、洗水、整烫定型等，缩绒整理的对象主要为粗纺毛类成形针织服装，其他原料的成形针织服装一般通过清洗的方式进行常规洗水整理。经过整理后，织物表面会形成一层短绒，使织物表面平整、绒面丰满、具有光泽、手感柔软、有弹性，并使织物回缩至较稳定的状态。成形针织服装洗缩工艺直接影响针织服装的品质、功能、外观效果。

一　洗缩整理

洗缩整理可以使成形针织服装获得较好的外观形态与手感，包括洗水整理与缩绒整理两类。通过洗水整理可以使织物线圈松弛、尺寸稳定、手感柔软滑爽，一般非毛类成形针织服装均需要水洗整理，精纺类针织服装也可以通过水洗整理达到轻缩绒的目的。纯羊毛或羊毛混纺类的成形针织服装可以通过缩绒整理，使毛织物表面达到一层细密的绒毛，外观丰满、手感柔软、毛绒感强，进而使成形针织服装蓬松、富有弹性、保暖效果好。

（一）洗水整理

洗水整理也称手感整理，是将针织服装成衣放入水中，加入适量的润滑剂、柔软剂、洗净剂等助剂，使水分子助剂渗透到纱线或纤维内部，脱水烘干后，助剂保留在纤维或大分子之间，产生润滑作用，使织物线圈松弛、内应力消失、织物表面滑爽。洗水后一般可以直接脱水烘干。

1.洗水助剂

洗水助剂品种很多，如柔软剂、净洗剂、平滑剂、膨松剂等，在使用过程中需根据产品原料合理选用。为了节约成本和满足环境的可持续发展，很多时候不加任何助剂，仅仅用清水清洗，称为"清水洗"。

2.洗水工艺

（1）浴比：指针织服装重量与缩绒液重量之比，缩绒时浴比应适当。一般控制在1∶30左右。

（2）pH值：洗水时pH应该为中性，一般控制在（7±0.5）。

（3）温度：在保证水洗质量的前提下尽量节约能源，一般为35～40℃。

（4）洗水时间：一般为5～15min，根据原料品种、手感效果而定。

（二）缩绒整理

缩绒整理是指毛类成形针织服装在一定的温湿度条件下，经过机械外力（摩擦力）的搓揉，受到不同方向的反复作用和化学助剂的作用，致使服装纵横向收缩，织物表面露出一层均匀的绒毛。这些绒毛能覆盖表面轻微疵点，使其外观丰满，手感柔软、滑爽、滑糯，改善色泽。

1.缩绒整理机理

毛类针织服装缩绒主要是因为动物毛纤维在一定的温湿度条件、化学助剂与外力作用下，具有指向纤维根端单向运动的趋向，被称为"缩绒性"。同时，毛纤维优良的延伸性、回弹性以及空间卷曲，使纤维更易于运动，在机械外力的反复作用下，成形针织服装纤维逐渐收缩收紧，使织物质地紧密、相互穿插纠缠、交编毡化、强力提高。纤维毛端逐渐露出于织物表面，织物获得外观优良、手感丰厚柔软、色泽柔和及保暖性良好的效果。

2.缩绒方法

毛类成形针织服装的缩绒方法有湿坯缩绒和干坯缩绒两种。衣坯经浸泡后的缩绒为湿坯缩绒，衣坯不经过浸泡直接缩绒的工艺称为"干坯缩绒"。湿坯缩绒比干坯缩绒的起绒效果好，起绒均匀，纤维之间的润滑性容易产生相对运动，纤维润湿、膨胀、鳞片张开，有利于纤维互相交错，毛纤维损伤小。同时，湿纤维具有较好的延伸性和弹性，容易变形，也容易快速恢复原形，增加了纤维之间的相对运动，因此湿坯缩绒应用较广，有利于毛纤维的缩绒。

3.缩绒效果的影响因素

（1）浴比：浴比如果过小，纤维之间的摩擦力增加，且摩擦不均匀，会使绒面分布不均匀，甚至产生露底现象。浴比如果过大，则会减少机械作用，降低助剂浓度，使缩绒时间太长。采用软水进行缩绒，其效果较硬水好，合适的缩绒浴比为 1∶25~1∶35。助剂包括毛能净、柔软剂、平滑剂、起毛剂、防沾色剂、膨松剂、硅油等。由于构成织物的纤维品种不同，使用助剂也不同。一般来讲，浅中色绒衫，只需毛能净；深色纯绒衫、变形纱织物以及精纺织物，需毛能净和柔软剂两种助剂；精纺混纺衫需毛能净、起毛剂、柔软剂三种助剂才能达到满意效果。

（2）温度：温度包括浸泡温度、洗涤温度、烘干温度。在浸泡和洗涤时，温度不能过高或过低。温度较高一些，纤维容易膨湿，缩绒时间短、效果好，一般缩绒温度为 30~45℃ 为佳。如果温度过高，缩绒效果不易控制，损伤纤维，织物的价值和服用性能降低；温度过低，需用时间加长，生产效率降低。

（3）时间：时间包括浸泡时间、洗涤时间、烘干时间。时间的制定依据坯料成分、组织规格、含杂情况和客户的风格要求。如浅色织物绒质好，所用时间短；深色织物绒质含杂较多，所用时间较长。织物密度松，所用时间较短；织物紧密，所用时间较长。温度与助剂量配好缩绒液后，将成形针织服装放入浸泡 10~30min 后开始缩绒，缩绒完成后，根据需要可浸泡 10~15min，之后进行漂洗、脱水，再浸泡于柔软剂中进行柔软处理，脱水、烘干。缩绒时间越长，毡缩越强。成形针织服装缩绒时间过短，则达不到缩绒效果；缩绒时间过长，则缩绒过度。在一定的机械作用力条件下，一般成形针织服装缩绒时间为 3~15min；兔、羊毛衫的缩绒时间较长，一般为 20~35min。

（4）pH：pH对成形针织服装缩绒的影响较大。pH较低，则缩绒后手感差，主要是由于过低的pH使纤维盐式键断裂，降低了纤维的强度；pH过高，不仅造成纤维的盐式键断裂，而且会使纤维的二硫键断裂，使纤维受到严重损伤，缩绒时，一般要求缩绒液的pH值为6~8。

（三）脱水与烘干

1. 脱水

清洗后的成形针织服装要当即脱水（俗称"甩干"），尤其是夹条色、多色、绣花等产品，更须立即脱水，否则容易沾色。成形针织服装脱水后的含水率应控制在20%～30%。多色产品含水率可稍低，白色产品含水率可偏高一点，以防止起皱。脱水设备是悬垂式离心脱水机（图10-1）和洗脱一体机（图10-2），在目前的成形针织服装生产中，企业大多数选择洗脱一体机。

2. 烘干

由于成形针织服装经脱水后含水率仍为20%～30%，因此一般在脱水后还需进行烘干。成形针织服装的烘干工艺，应根据原料、组织等来选定烘干设备、烘干温度和时间。羊绒衫、绵羊绒衫、驼绒衫、牦牛绒衫、普通毛衫等产品，常选用圆筒型烘干机。成形针织服装在烘干机内翻滚，在滚动干燥的同时，可使部分游离的短纤维脱落，并吸入集绒斗。产品经烘干后绒毛丰满、手感蓬松，符合产品全松弛收缩的要求。但必须注意，不同色泽、不同原料的成形针织服装，不可同机烘干，以避免游离纤维黏附于成形针织服装上，影响产品外观质量。同时，应注意烘干机还可促进起毛，如果温度低、湿度高，滚筒滚动时间过长，便会出现起毡现象。烘干的工艺参数即烘干温度和烘干时间的控制，应根据具体情况而定。一般情况下，烘干温度通常控制在60～100℃，其中绒衫类一般在70℃左右，非绒衫类一般在85℃左右，烘干时间一般为15～30min，烘干机如图10-3所示。

图10-1 脱水机　　　　　　　　图10-2 洗脱一体机　　　　　　图10-3 烘干机

二 整烫定型

整烫是成形针织服装后整理的重要一道工序，主要是通过蒸烫的方法使成形针织服装具有持久、稳定的标准规格，同时通过整烫定型，消除织物的内应力，使之外形美观、表面平整、手感柔软、富有身骨且有弹性。整烫定型适合纯毛、混纺、纯化纤等各类成形针织服装。

（一）整烫定型机理

当纤维大分子受到热、湿作用后，纤维大分子之间的作用力减小，分子链可以自由旋转，纤维的形变能力也随之变大。此时施加一个外力，纤维大分子链将产生形变并在新的位置产生交联，冷却后大分子在新的状态下固定，使纤维和织物的形态固定。同时，内应力消失，变得松弛而收缩，从而降低了针织服装成品的洗涤收缩率。

（二）定型效果的影响因素

1.温度

各种原料生产的成形针织服装需要在不同的温度条件下才能达到产品定型、外观平整挺括、规格符合标准的要求。适当的温度，能提高成形针织服装的整烫定型质量。但温度偏高，会使成形针织服装板结，手感粗糙，弹性降低，表面产生极光；温度偏低，则达不到定型的效果。不同原料要采用不同的定型温度，温度控制的合理与否直接影响定型效果的好坏。

2.湿度

成形针织服装从编织、成衣到整烫前，均处于折皱状态，熨烫时，必须对产品加湿，蒸汽熨斗底部一般距离织物表面0.5~1.5cm。不能压烫，否则会损害纤维结构，使衣服失去弹性、绒毛压扁而出现压痕。以蒸汽熨斗均匀地给湿加热于成形针织服装，给予适当的压力（张力），使纤维分子重新排列、固定，从而达到定型的效果。

3.压力

对织物施加压力，使纤维大分子按照压力施加方向发生位移，使纤维产生需要的变形。生产中一般借助蒸烫机的蒸汽压力来实现。整烫时，要严格控制温度、时间和压力。压力太大会产生印痕和极光。压力过小，则会出现定型不良，平整度差，衫身无身骨，易变形，甚至过多的含湿率会使成形针织服装封于塑料袋一定时间后产生霉变。

（三）整烫设备与整烫样板

1.整烫设备

图10-4为企业常用的整烫设备，主要由熨斗和蒸汽发生器（或锅炉）组成，蒸汽熨斗一般由锅炉或蒸汽发生器提供蒸汽，由高压软管连接，蒸汽喷射量可以通过蒸汽压力来调节，起到加热、给湿、施加压力的作用。在服装企业中，根据生产规模选择合适的锅炉或蒸汽发生器，规模较大的工厂通常用锅炉来代替蒸汽发生器。

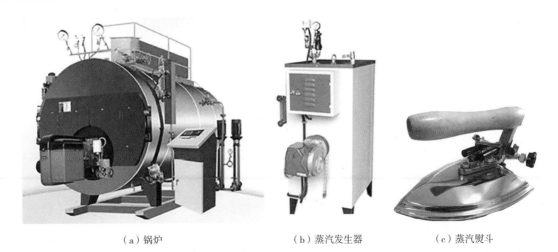

　　（a）锅炉　　　　　　　　　　（b）蒸汽发生器　　　　　　　　（c）蒸汽熨斗

图10-4　整烫设备

2.整烫样板

成形针织服装整烫样板（木制烫板）是保证成形针织服装款式、规格的必备工具，蒸烫样板直接影响着成形针织服装的质量品质，其形状、规格根据产品具体款式和规格而定。木制烫板通常采用特殊的三合板制作，在不同规格的木制烫板上，按具体款式规格用铅笔画线做记号或者是用图钉做记号。一般大身样板的胸宽比成品规格多加1～2cm，样板长为成品规格加长8～10cm，领颈高出5cm左右，肩倾斜3～10cm，袖样板的袖阔比成品规格多加1～2cm，袖板长度比成品规格长8～10cm，袖挂肩比规格长2cm左右，袖口宽为8～10cm。木制烫板如图10-5所示。

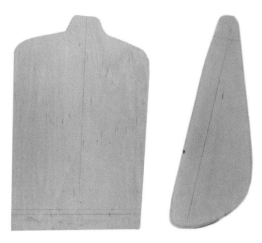

图10-5　木制烫板

熨烫时，一般将样板与服装在烫台（图10-6）上操作，操作者应熟练地掌握熨斗、烫板、烫台等使用方法，以确保整烫定型质量。

图10-6　烫台

上衣熨烫具体操作如下。

（1）袖子：针织衫袖子套进袖板中，理直袖底缝合线，折后0.5cm左右，挂肩缝倒向袖子方向，先烫后面，再烫前面，两袖长短一致，针纹垂直，待冷却后把定型板抽出。

（2）大身：针织衫大身套进身烫板时，后幅套在烫板的正面，夹下缝两边往后幅折0.5cm左右，左右两边肩距离中心点一致，先烫后身，再翻过来烫前身，下摆罗纹必须成一水平线，针纹顺直。熨烫时，领型、领阔、领深、袖窿、肩阔、身长（衣长）等尺寸要符合工艺要求。

（3）领部：领口中心线两侧对称，罗纹边宽窄一致，圆领圆顺，翻领熨烫注意前领尖左、右大小一致，后领要平整。

（4）开衫：开胸款门襟要求挺括、顺直，外门襟要与内门襟叠齐。男款一般先烫左边再烫右边（面对服装），女款一般先烫右边再烫左边（面对服装），门襟两边下摆罗纹高低一致，两侧袋套袋板（木制烫板）与尺寸相结合，袋口边拉平理直。

第二节　功能整理

成形针织服装的功能整理指通过一定的整理工艺，使成形针织服装获得一种或多种功能。目前，国际上针织衫的功能整理主要有抗起球、防缩、防蛀、芳香、纳米、防水、阻燃、抗静电、防紫外线、防霉、防污、抗菌、抗病毒、防螨、自清洁整理，其中最常用的是防起球、防缩、防蛀整理。

一 \ 防起球整理

（一）起球过程

织物表面的起毛现象，是由突出在纱线表面的支撑纤维和游离纤维引起（图10-7）。当其互相缠结后，纤维逐渐聚集，形成了颗粒状的毛球。织物表面的这些毛球极易黏附污物、汗渍等，使织物的外观和服用性能受到严重影响。

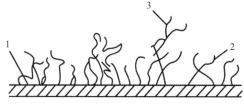

图10-7 织物表面
1—织物 2—支撑纤维 3—游离纤维

（二）影响起球的因素

影响针织衫起球的因素有多种，其中较为普遍的有纱线原料与结构、织物组织结构、染整工艺、穿着条件。

1.纱线原料与结构

纤维的卷曲波形越多，在加捻时，纤维越不容易伸展，在摩擦过程中纤维容易松动滑移，在纱线表面形成绒毛。为此，纤维卷曲性越好，越易起球。纤维越细，显露在纱线表面的纤维头端就越多，纤维柔软性也就越好，因此细纤维比粗纤维易于纠缠起球。对于纤维长度，短纤维比长纤维更易起毛、起球，长纤维之间的摩擦力及抱合力大，纤维难以滑到织物表面，因此不易纠缠起球。纱线的捻度和表面光洁程度对起球也有较大影响，捻度大的纱线，纤维间的抱合紧密，纱线在受到摩擦时，纤维从纱线内滑移相对少，起球现象减少。但过高的捻度会使织物发硬，因此不能靠提高捻度来防止起球。另外，纱线越光洁，表面绒毛则短而少，纱线不易起球。

2.织物组织结构

疏松的织物组织结构比紧密的易起毛起球。高机号织物一般比较紧密，因此低机号织物比高机号织物易起毛、起球。表面平整的织物不易起毛、起球，表面凹凸不平的织物易起毛、起球。提花织物、普通花色织物、罗纹织物、平针织物的抗起毛起球性是逐渐增加的。

3.染整工艺

纱线或织物经染色及整理后，对抗起球性将产生较大影响，这与染料、助剂、染整工艺条件有关，绞纱染色的纱线比散毛染色或毛条染色的纱线易起球，成衣染色的织物比纱线染色所织的织物易起球，织物经过定型特别是经树脂整理后，其抗起毛起球性大大增强。

4.穿着条件

成形针织服装在穿一段时间后，表面会出现球状毛粒。穿着时间越长，经受的摩擦越大，摩擦的次数越多，起球现象就越严重。

（三）防起球整理的方法及工艺

对成形针织服装采用烧毛或剪毛的方法来防止起球有一定的困难。目前常用的防起球整理方法主要有轻度缩绒法和树脂整理法两种，其中树脂整理法效果较好。

1.轻度缩绒法

经过轻度缩绒的毛类成形针织服装，其毛纤维的根部在纱线内产生轻度毡化，纤维间相互纠缠，因此增强了纤维之间的抱合力，使纤维在经受摩擦时不易从纱线中滑出，使毛衫的起球现象减少。对正面不需要较长绒面的成形针织服装，可将其反面朝外进行浸泡、缩绒、脱水、烘干，使成形针织服装正面的绒面保持短密、柔软。需要注意的是，成形针织服装正面缩绒绒面的绒毛不宜太长，否则易起球。目前，对精纺羊毛衫一般通过轻度缩绒来提高其抗起球效果。轻度缩绒法的缩绒工艺为：浴比1∶25~1∶35，助剂重0.59%左右，pH值为7，温度27~35℃，时间2~8min。经过轻度缩绒后的羊毛衫，防起球级别可提高0.5~1级。

2.树脂整理法

树脂是一种聚合物，利用树脂在纤维表面交联网状成膜的功能，使纤维表面包裹一层耐磨的树脂膜，降低针织纤维的定向摩擦效应，使纤维的滑移因素减少。同时，树脂均匀地交联凝聚在纱线的表层，使纤维端黏附于纱线上，增强了纤维间的摩擦因数，减少了纤维的滑移，因而有效地改善了成形针织服装的起球现象。

防起球整理所采用的树脂种类较多，其中较常采用的为丙烯酸交联型树脂。其特点是树脂性能稳定、应用方便、价格低廉、无异味。经树脂整理后的成形针织服装，抗起球性可提高1~2级。

二 \ 防缩整理

（一）防缩原理

防缩整理是对毛纤维的一种表层结构改性，防缩后达到"手可洗""机可洗"及"超级耐洗"的标准。防缩整理的主要目的是保证毛绒衫水洗后尺寸稳定、外观不变形，免烫，还可以防油污、防水滴，减少起球。鳞片是羊毛纤维的一个主要特点，使羊毛纤维具有缩绒性。防缩整理的实质是对鳞片进行处理，以减弱或失去定向摩擦效应。主要是利用化学试剂与鳞片发生作用，损伤和软化鳞片；或利用树脂均匀地扩散在纤维表面，形成薄膜。从而有效地限制鳞片的作用，使羊毛纤维失去缩绒性，达到防缩的目的。

（二）防缩整理方法及与工艺

1.氧化处理法

氧化处理法也称降解法或减量法。常用的氧化剂有高锰酸钾、次氯酸钠、二氯三聚异氰酸盐及双氧水等。

作用原理：动物毛纤维的化学组成主要是角蛋白，角蛋白是由多种氨基酸缩合而成的，其中有二硫键、盐式键和氢键，羊毛纤维的物理、化学特性主要是由二硫键决定的。所以，当用氯或其他氧化剂对羊毛衫进行处理时，羊毛纤维鳞片中的二硫键断裂，变成能与水相结合的磺酸基，使羊毛纤维的鳞片尖端软化、钝化，即羊毛的鳞片角质层受到侵蚀，但不损伤羊毛纤维的本质，从而降低纤维间的摩擦，使羊毛表层发生变化，不易毡缩，使羊毛纤维吸收更多的水分而变柔软，羊毛纤维间的定向摩擦效应降低，从而达到防缩的目的。

工艺流程：羊毛衫衣坯前处理→氧化→脱氯→漂白→柔软处理→脱液→烘干。

2.树脂处理法

树脂处理法又称"树脂涂层处理法",羊毛衫防缩整理中所用的树脂品种和整理方法有很多,其中防缩效果较好的为溶剂型硅酮树脂整理。硅酮树脂是高分子化合物,且相对分子质量大,可与催化剂、交联剂一起使用,使其先预聚,联合结成网状系统,因此,防缩效果显著,可使羊毛衫满足"机可洗"标准。但单纯的树脂处理,由于羊毛纤维表面张力较小,树脂表面张力较大,树脂在羊毛纤维表面沉积扩散不均匀,会影响整理质量。

工艺流程:羊毛衫衣坯→清洗→树脂整理→脱液→烘干。

3.氧化—树脂结合法

树脂在羊毛纤维表面均匀分布,需先对羊毛纤维进行预处理,如氧化处理,以提高羊毛纤维的表面张力,因此便产生了氧化—树脂结合法。此法克服了前面两种方法的缺点。氧化—树脂结合法是目前国内外经常采用且效果很好的防缩方法。

作用原理:在羊毛衫树脂整理时,预先进行氧化处理,使纤维鳞片层有一定的破坏,提高羊毛纤维的表面张力,使树脂能均匀地扩散到纤维表面,同时树脂中的活性基团与羊毛纤维在氧化过程中产生的带电基团形成化学键结合,获得优良的防缩效果,也可获得较好的防起球效果。采用此防缩方法,可使羊毛衫达到"超级耐洗"的标准。

工艺流程:羊毛衫衣坯→前处理→氧化→脱氯→水洗→树脂整理→柔软处理→烘干→定型。

三 防蛀整理

动物毛型纤维含有丰富的角蛋白,毛类成形针织服装在存储过程中,会发生虫蛀现象,防蛀整理是对织物进行化学处理,使毛纤维结构产生变化,从而达到防蛀的目的。防蛀整理所用助剂应高效、低毒,对人体无副作用,不影响织物的色泽和染色牢度,不损伤毛纤维的手感和强力,并具有耐洗、耐晒、无色、无臭的特点。

(一)防虫蛀整理原理

毛纤维表面有一层坚硬的角蛋白组织。一般来说,蛀虫幼体的消化酶是不能破坏毛纤维的角蛋白的,因为毛纤维中胱氨酸的二硫键能阻止消化酶与蛋白质主键肽键的接近,但是虫蛀幼体的消化酶能使毛纤维分子上带有二硫键的蛋白质在消化前先变形,这样消化酶就能破坏二硫键,使蛋白质分离而蛀蚀纤维。化学防虫蛀整理就是利用化学药品阻碍毛纤维分子上的二硫键蛋白质变性,达到抑制蛀虫幼体消化酶的功能,从而保护羊毛。

(二)防蛀剂

作为服装用防蛀剂,应具备一定的要求,如应防蛀效果明显,对人体无害,不使染色色相变化或牢度降低,不影响纤维强力和手感,耐水洗、可干洗等。常用的防蛀剂有三类:熏蒸剂、触杀剂和食杀剂。熏蒸剂效力短暂,没有持久的杀虫效果;触杀剂是借助与昆虫接触,使其中毒死亡的杀虫剂,虽然防蛀时效长,但是不能干洗或水洗,限制了其广泛使用;食杀剂有很多,而且很多品种都能使织物永久防蛀。有机防蛀剂典型商品为优兰U33，对温度、pH适应广泛，可以在整理剂或染浴中混用。

（三）防蛀整理的方法

1.物理性预防法

物理性预防法是指用物理手段防止害虫附着在毛纤维上，通常采用刷毛、真空储存、加热、紫外线照射、冷冻储存、晾晒和保存于低温干燥阴凉通风场所等方法。

2.羊毛纤维化学改性法

通过化学改性形成稳定的交联结构，可干扰和阻止害虫幼虫对毛纤维的侵蚀，提高成形针织服装的防蛀功能。羊毛纤维的化学改性方法通常有两种：一种是将羊毛纤维的二硫键经巯基醋酸还原为还原性羊毛纤维，然后与亚烃基二卤化物反应，使羊毛纤维的二硫键被二硫醚交联取代。另一种是双官能 α、β - 不饱和醛与还原性羊毛纤维反应，形成在碱性还原条件下稳定的新交联。

3.抑制蛀虫生殖法

抑制蛀虫生长繁殖的方法有很多，有金属螯合物处理、γ 射线描射、应用引诱剂杜绝蛀虫繁殖能力及引入无害菌类控制蛀虫的生长等。

4.防蛀剂化学驱杀法

防蛀剂化学驱杀法是使化学试剂直接侵入害虫皮层，或通过呼吸器官和消化器官给毒使之死亡。防蛀剂应高效、低毒，不伤人体，不影响织物的色泽和染色牢度，不损伤成形针织服装毛纤维的手感和强力，并具有耐洗、耐晒、使用方便等特点。此法主要通过使用熏蒸剂、喷洒剂和浸染性防蛀整理剂来实现。目前，常采用浸染型防蛀整理剂来进行成形针织服装的防蛀整理。

思考题

1.阐述缩绒整理的机理与影响因素。

2.阐述整烫定型的目的、机理与影响因素。

3.简述缩绒与水洗的区别。

4.简述常用的整烫设备与整烫方法。

5.查阅资料，请列举腈纶、羊绒类成形针织服装的后整理工艺。

参考文献

[1]沈雷，刘梦颖，姜明明，等．设计审美视野下的针织服装色彩探析[J]．针织工业，2014（6）：64-67.

[2]姜丽娜．针织服装设计与开发过程中的色彩传递与变化[D]．上海：东华大学，2022.

[3]徐瑶瑶，徐艳华．毛针织服装图案运用与消费者需求研究[J]．轻工科技，2015，31（3）：74-75，84.

[4]王勇．关于成形类针织服装产品研发图案设计的研究[J]．国际纺织导报，2011，39（5）：28-31.

[5]姜明明．基于NCS体系下的针织女装色彩设计研究[D]．无锡：江南大学，2014.

[6]陈嘉惠，刘艳梅，兰青，等．装饰图案在针织服饰上的体现[J]．轻纺工业与技术，2022，51（4）：46-49.

[7]赵亚杰．服装色彩与图案设计[M]．2版．北京：中国纺织出版社有限公司，2020.

[8]沈雷．针织服装艺术设计[M]．3版．北京：中国纺织出版社，2019.

[9]单凌．波普艺术图案在针织服装设计中的应用[J]．艺术科技，2017，30（7）：139.

[10]董燕玲．基于消费者审美取向的毛针织服装色彩设计方法研究[D]．杭州：浙江理工大学，2017.

[11]鲍丰．探析针织服装的款式创新设计[J]．轻纺工业与技术，2021，50（4）：79-80.

[12]李熠，徐艳华．现代毛针织服装装饰设计探析[J]．毛纺科技，2016，44（7）：55-60.

[13]金千姿．针织服装造型设计探研[D]．杭州：中国美术学院，2015.

[14]王景，张宏伟．文化融合下针织服装设计的创新[J]．文化产业，2023（25）：49-51.

[15]王利平．羊毛衫设计与工艺[M]．北京：中国纺织出版社，2018.

[16]李学佳，周开颜．成形针织服装设计[M]．北京：中国纺织出版社有限公司，2019.

[17]周建．羊毛衫生产工艺与设计[M]．北京：中国纺织出版社，2017.

[18]卢华山．针织毛衫工艺技术[M]．上海：东华大学出版社，2013.

[19]卢华山．毛衫设计与生产[M]．上海：东华大学出版社，2016.

[20]陈燕，秦晓，潘早霞．毛衫工艺设计[M]．北京：中国纺织出版社，2017.

[21]蒋高明．针织学[M]．2版．北京：中国纺织出版社，2015.

[22]宋广礼．成形针织产品设计与生产[M]．北京：中国纺织出版社，2006.

[23]姚晓林．羊毛衫生产工艺与CAD应用[M]．北京：中国纺织出版社，2012.

[24]刘艳君，朱文俊，刘让同．编织机的结构与维修[M]．北京：中国轻工业出版社，2001.

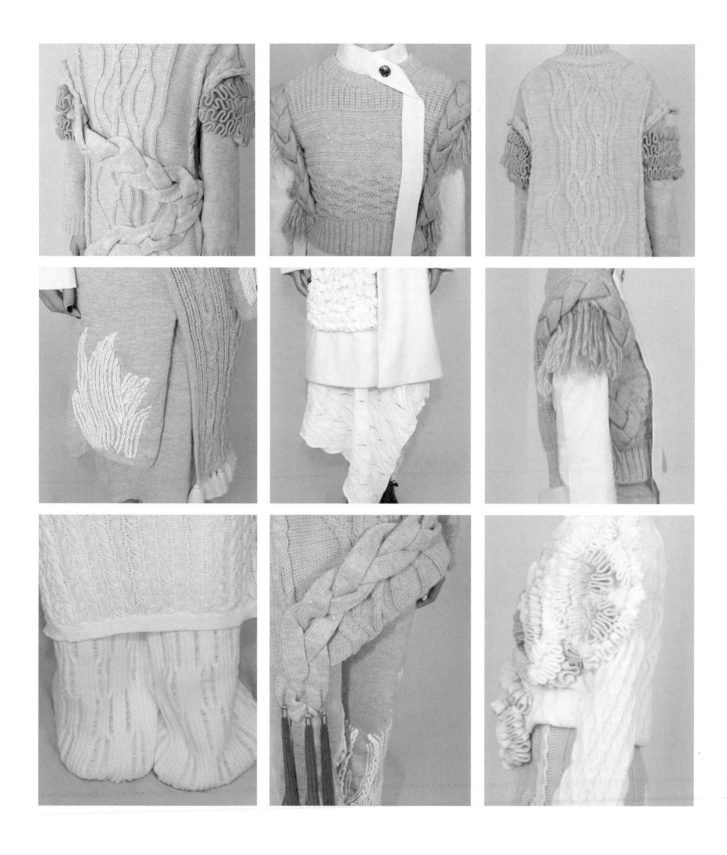

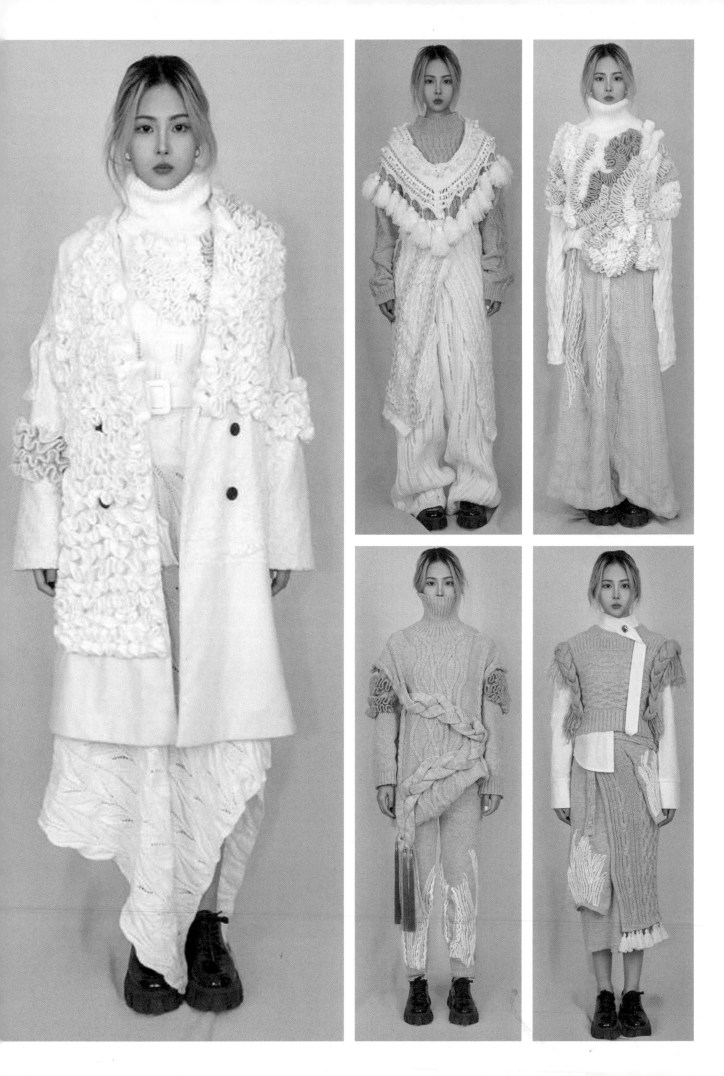